镜像练习

认知成长的关键能力

［德］尤阿希姆·鲍尔
（Joachim Bauer）
—— 著

蔡清雨
—— 译

WIE

WIR

WERDEN

WER

WIR

SIND

中国水利水电出版社
www.waterpub.com.cn

·北京·

内 容 提 要

本书解释了镜像神经元如何作用于我们的生活、教育、工作、亲密关系……更重要的是，通过本书，我们能够更好地了解自己，知道如何在保持自我的同时，接受有益于我们的启发，从而有意识地让自己变强。

图书在版编目（CIP）数据

镜像练习：认知成长的关键能力 / （德）尤阿希姆·鲍尔著 ；蔡清雨译. -- 北京 : 中国水利水电出版社，2022.1
ISBN 978-7-5226-0372-8

Ⅰ. ①镜… Ⅱ. ①尤… ②蔡… Ⅲ. ①元认知—研究 Ⅳ. ①B842.1

中国版本图书馆CIP数据核字(2021)第280685号

Original title: WIE WIR WERDEN, WER WIR SIND: Die Entstehung des menschlichen Selbst durch Resonanz
by Joachim Bauer
© 2019 by Karl Blessing Verlag,
a division of Penguin Random House Verlagsgruppe GmbH, München, Germany.
The simplified Chinese translation rights arranged through nurnberg（本书中文简体版权经由安德鲁取得）

北京市版权局著作权合同登记号：图字 01-2021-7232

书　　名	**镜像练习：认知成长的关键能力** JINGXIANG LIANXI: RENZHI CHENGZHANG DE GUANJIAN NENGLI
作　　者	[德] 尤阿希姆·鲍尔 著　　蔡清雨 译
出版发行	中国水利水电出版社 （北京市海淀区玉渊潭南路1号D座　100038） 网址：www.waterpub.com.cn E-mail：sales@waterpub.com.cn 电话：（010）68367658（营销中心）
经　　售	北京科水图书销售中心（零售） 电话：（010）88383994、63202643、68545874 全国各地新华书店和相关出版物销售网点
排　　版	北京水利万物传媒有限公司
印　　刷	天津旭非印刷有限公司
规　　格	146mm×210mm　32开本　7.25印张　149千字
版　　次	2022年1月第1版　2022年1月第1次印刷
定　　价	49.80元

前　言

"镜像和共振可以被称为生命系统的万有引力法则。"

——尤阿希姆·鲍尔《为什么我感受到了你的感觉》

　　虽然婴儿是一个有感觉的、被赋予了人格尊严的生命体，但却没有自我。自我意识所依附的神经网络在婴儿出生时仍不成熟，功能尚不健全。自我意识的出现和基本结构归功于那些婴儿照顾者的自我意识，特别是在婴儿生命的最初几年中，这些人是婴儿"扩展的思维"❶，也就是起到一种外部控制中心的作用。共振过程参与了自我的构成，例如人们可以观察到两把吉他之间的共振：正如一把吉他的声音可以带动另一把吉他的

---

❶原注："扩展的思维"这一术语是由哲学家安迪·克拉克（Andy Clark）和大卫·查尔默斯（David Chalmers）提出的。（参见克拉克和查尔默斯于1998年发表的研究《扩展的思维》）

琴弦发声一样，照顾者也可以通过共振将他们的内在旋律——
他们感受、解释世界的方式和行动方式——传递给婴儿。尽管
这种传递是以递减的方式进行的，但却会持续终身，因此我们
的自我也相应地由许多主题和旋律组成。

现代神经科学发现了自我系统的存在，这对人类认知有着
十分重大的意义并令人印象深刻地证实了弗里德里希·尼采
（Friedrich Nietzsche）和马丁·布伯（Martin Buber）等哲学
家的判断：人的"自我"与"你"有着比人所意识到的更深刻
且不可分割的联系，人的自我中也总是包含着一个"我们"。
对所有民族的人来说都是如此。然而，"我"和"我们"在多
大程度上相同，则取决于文化。所谓的文化神经科学也有对这
方面的发现。

自我在婴儿和幼儿身上构建起来，其主旋律由婴幼儿的照
顾者通过共振过程植入。随着我们个人的成长和成熟，自我越
来越成为一个参与影响且决定着发生在自己身上之事的行动
者。我们发展出一种感觉，让我们能够感觉到哪些选择可能适
合我们，并成为与我们自我相协调的一部分，而哪些会对我们
自己的身份认同造成伤害。文艺复兴时期的哲学家皮科·德
拉·米兰多拉（Pico della Mirartdola）首次明确地提出，人类

是唯一能够参与构建自身——以及自我——的生命体。

　　自我需要有趣的机会，为其终身的自身构建提供材料，特别是在儿童和青少年时期。为此，人类在童年和青少年时期需要导师。而自我之后会成为一个主体，自行决定找出并确定它想容纳或拒绝的外来事物。然而对许多人来说，通往个人自主的道路仍然受阻。失去自我有不同的形式。自我可能会受到外部操控，在今天这些操控者包括众多网络平台。而有些人会将他们的大部分自我和自我导向完全转移给另一个人，对他们来说，这个人可以说如同他们的外部硬盘一般。

　　在生活中，很多东西大多在我们还未意识到的时候便悄悄地进入了我们的自我。为了使这种过程不至于完全避开我们的感知，人需要与自己的自我有良好的联系——然而，出于各种原因，我们往往缺失了这种联系，我将就此展开讨论。我们的生活幸福以这两方面为前提：一方面，我们保持自己的自我身份认同，不允许任何与我们不协调的东西进入我们；另一方面，我们保持着可渗透性，反思自己的态度和价值判断，并允许自己受到来自他人的启发和改变。

　　通过这本书，我想与我的读者们分享现代神经科学的新发现，并解释这对我们的生活、对我们子女的教育、对我们的工作、对伴侣关系中的相互交往以及对社会和政治生活意味着什么。但我所关心的最重要的事还是——我们能更好地了解自己，并认识到良好的自我照顾意味着什么。

——尤阿希姆·鲍尔

2019 年春于柏林

"我们能够说，能够相互反映的镜子就是人们的心灵。"

——大卫·休谟《人性论》

"'你'比'我'更为古老。"

——弗里德里希·尼采《查拉图斯特拉如是说》

"借助'你'，人成为'我'。"

——马丁·布伯《我和你》

目录

第一章

『自我』的形成

CHAPTER

1

对人来说，最强的药物是他人。人与他人的巨大影响不仅体现在私人生活中，也体现在公共领域、媒体，特别是社交网络中。在大多数情况下，人们不会注意到来自其他人的影响，因为人际间的相互影响通常是微妙的、潜藏且不易被察觉的。只有当周围人的影响带有某种冲击力时，许多人才会感知到这些影响对自我带来了实际的改变——例如，在为爱表白或受到伤害的场景中。尤其因身体暴力所造成的巨大伤害会让人忽视，其实不需要明显的肉体影响也可以在生理上改变另一个人。只要人与他人相处或交流，他们所受到的最重要的影响就会由共振所产生。❶无论它会使我们成长和变得坚强，还是伤害我们以及使我们变得脆弱，它对人类的影响都是最强大的。我将论证，人类自我的产生是源于共振。婴儿出生时并没有自我，他的自我形成是在生命开始的24个月中，而这就基

❶原注：我在关于镜像神经元的书中首次论述了神经生物学的共振原理。此论述被哈尔特穆特·罗萨（Hartmut Rosa）采纳。他在关于共振的文章中多次引用了我的研究。我的工作重点是神经科学和心理学，罗萨则阐明了共振的社会学维度。

于共振——婴儿引发了照顾者身上的共振,而这共振反作用于婴儿本身。照顾者充当了婴儿的一种外部自我形式。安迪·克拉克和大卫·查尔默斯在1998年创造了"扩展的思维"❷这一概念。但是,他们很少将此概念应用于人际关系方面,而是一直主要应用于技术辅助工具上。而对于人,最重要的"扩展的思维"其实是他人。共振对我们自我的影响范围超越了童年时期,我们在一生中都受到它的影响,并在这个过程中持续改变自我。由于并非所有阅读本书的人都熟悉共振现象,我将详细解释其含义以及其神经学基础的依据。人们接受到由共振带来的影响,便会发生自我改变,而这些变化主要发生在我们的感知"雷达"之外。如果你不想如同一个被无形的线所牵引的木偶一般,跌跌撞撞地生活,那么你应该对这个过程感兴趣。在

---

❷原注:安迪·克拉克和大卫·J.查尔默斯在1998年的论文《扩展的思维》中谈到"社会性扩展的认知",并提出了一个问题:"我的一部分心理状态是否可以由其他思想者的状态所构建?"以此谨慎地引出:"扩展的思维是否意味着一个扩展的自我?"他们不敢对这个问题做出肯定的回答——这是合理的,因为他们仍不知道婴儿和照顾者之间的关系。直到今天,两位作者都坚持否定立场。虽然大卫·查尔默斯在2019年再次写道:"一个主体的部分认知过程和心理状态可以由主体以外的存在构建。"但他在同一篇论文中得出结论:"扩展的意识是不可能的。"事实上,母亲对于婴儿来说就是这个判断的例外。

婴儿时期促使自我产生的因素，还将影响我们一生。了解自我和我们不断接收到的共振之间的联系，可以帮助我们更好地调节自己和周围人之间的关系，从而生活得更幸福。接下来，首先让我们回到一切的最初点，回到生命的开始。

如果没有大气层，我们的地球上就没有生命。每个人也都有一个外壳。地球大气层的形成条件与构成一个人的外壳——他的"自我"或者叫"我"的因素发展之间有一些相似之处。当我们的星球形成时，它缺乏今天包围着它的氧气和氮气外壳。人在生命之初也是在没有保护性的精神外壳、没有"自我意识"或"自我"的情况下看到光明的，这是心理学家——特别是精神分析学家——长期抱有的一种猜测。但最终现代神经科学证明了其正确性。神经元自我网络，在英文中被称为"Self Networks"，其发现只有几年的时间。它们位于额叶中，而在神经生物学上，这是一个在人出生时不成熟且无功能的大脑区域。人类婴儿确实是体验事物的主体，并拥有属于每个人的不可侵犯的尊严，但他们还没有自我。那么，我们怎样才能成为我们自己呢？

地球的大气层和人类的精神外壳在其起源历史方面也显示出相似之处。不论是过去还是现在，我们星球的外壳都是地球

和太阳之间相互作用的结果。❸同样，人类自我的存在是婴儿
从其社会环境中接收适当分量的人际"阳光"的结果。假设婴
儿、儿童或青少年会自行发展，这是一个危险的错误，许多青
少年和成年人后来都为此付出了沉重的代价。不仅对人类精神
外壳的发展而言，而且就对其可能的破坏而言，它也可以和地
球的大气层进行比照。外部因素，如大约6500万年前的一颗
流星体的撞击，可能会摧毁我们的大气层。但正如我们现在所
知，地球大气层的破坏也可以来自内部。我们这个物种，作
为星球大气层的产物，能够对此做出致命的"贡献"。心理外
壳，即人的自我，不仅会受到来自外部的影响，如受到暴力造
成创伤，它也能对自身身体造成损害。自我如何在人身上产
生、维持，又受到哪些威胁呢？

　　任何有机会在人类婴儿出生后的头几个月与之相处的人，
都会有两种体会——如果冷静地想一想，它们其实并不相通，
而是相互矛盾的。一方面，这种矛盾的体会来自对婴儿无助和
不成熟的印象；另一方面，尽管如此，许多成年人还是成功设

---

❸原注：我在《合作基因——进化是一个创造的过程》一书中阐述了地球上的生
命历史及其史前史。

法"以某种方式"与小婴儿建立了联系，并与之交流。有经验的助产士最擅长这种莫名的方式，其次是母亲和祖母，但父亲们也常常可以表现得很优秀。然而，许多人深感婴儿的脆弱和不成熟，以至于至少在这个早期阶段，他们更愿意不去触碰小小的婴儿，以免做错事，甚至造成伤害。这种害怕是可以被理解的，并且也不无道理，因为人类婴孩的不成熟，事实上是独一无二的。在我们分析"不知为何"却仍然和婴儿建立了良好联系的原因前，我们应该仔细考虑一下他们无助的原因。

为什么人类新生儿在见到世间之光时，比其他所有哺乳动物的新生儿都更无助？为什么我们这个物种的婴儿在出生后几天远不能够四肢站立，不能像小猫、小狗或小马那样适应它们周遭的环境？这一人类表面上的劣势是有原因的。在过去的几百万年里，大自然已经改变了人类的身体构造。进化使人类的头部变大，而这并不是毫无问题的，且可能会导致有一天所有母亲都不能在生产后幸存下来。大自然对这一困境所提出的解决方案是将出生提前。从进化角度看，人类婴儿都是早产儿，即使在妇产科医生的眼里，他们都在正确的时间，即在怀孕的第40周离开了母体。

但与其他哺乳动物新生儿的情况相比，人类在生育上至少缺少了一年时间。根据对比不同的物种以及不同的能力，这种时间上的不足甚至可以被估计得更充分。人类婴儿的不成熟涉及感知、方向辨认和运动技能，即向目标移动的能力。比如小猫或小狗身上展现出来的那样，这些都是它们出生后相对短时间内就可投入使用的感官功能和发展完全的运动技能。它们使这些动物在很小的时候就有了类似"自我意识"的东西，一种"自主感"，也就是一种自主的行动者的感觉。而人类婴儿在出生时，且此后很长一段时间内，不仅不具备运动机能，而且还缺乏敏锐的感知。他完全不具备的就是定向能力，这既包括对外部情况，也包括对自身性的定位。在出生后及一段时间内，婴儿不知道自己是谁，也不知道"外面"正发生着什么。起初，他们甚至无法分辨自己和外界的区别。尽管如此，我们还是能和他们建立联系。那这又是如何发生的呢？

当成年人相互交流时，我们究竟是在面对谁或面对着什么，这个问题第一眼看起来似乎并无意义。但当我们考虑到成年人如何与婴儿沟通时，这个看似愚蠢的问题就突然变得合理了。从神经科学的角度看，当我们与一个成年人交谈时，我们正在面对他们的自我系统，这可以用现代神经科学的方法来证明。当别人与我们交谈时，或当听到别人谈论我们时，位于我们额叶的神经细胞网络显示出可测量的、强烈的即时反应。但我们如何与一个缺乏自我意识、缺乏自我以及其神经基础尚没有自我系统的婴儿进行沟通呢？面对着婴儿的人通常根本没有意识到自己正在进行沟通。对于那些擅长与婴儿沟通的人来说，这一切都全凭直觉而发生：首先且最重要的事情是进行眼神交流。婴儿寻求眼神接触，通过这种交流接触他们以寻求联系。但只有这点还不够。现在，一场游戏开始了。我们模仿婴儿，我们与他进入共振。这个沟通游戏的顺序是：第一步，我们让孩子、他的面部表情、他的动作和他的声音——简而言之，他的身体语言——对我们产生影响；接下来的第二步，我们不由自主地模仿从孩子的身体语言中发出的信息，并在把它传送回给孩子之前对它进行一些修改和补充。

婴儿总是会给我们提供很多机会和他玩这场相互接触的神奇游戏。往往在不知不觉中，他们就会皱起脸、撅起嘴或打哈欠。这便是一种"开始参与游戏"的奇妙方式："好，你累了吗？"大人用亲切的、似乎很惊讶的语调说着，并且面对孩子的小脸，噘起自己的嘴或张开嘴模仿打哈欠的样子。又或者婴儿做出踢腿的动作，小手臂可能会像快起飞的金龟子一样上下挥动，而这就是一个很好的机会来进行眼神交流，模仿宝宝的动作，并反过来与他交流——例如，亲切地说，"是的，太好了，你好想动一动"。如果婴儿哭泣或喊叫，在面对婴儿时，敏感的照顾者会在开始的极短时间内用自己的声音附和哭声，然后再将自己的声音转变为安慰的语气。原则上，婴儿能够凭直觉、完全无意识地和成年人产生共振，例如，至少在某种程度上，模仿成人的面部表情，这是婴儿研究的最重要发现之一。然而，如果你想在襁褓中的孩子身上试试这个方法，必须确保自己和孩子的脸之间保持适当的距离——大约35厘米——而且必须"坚持"足够长的时间，例如一次又一次地伸出舌头，然后孩子才会完全无意识地以模仿的方式做出回应。这些相互的镜像现象或共振现象为婴儿和照顾者的接触开辟了道路。

生命之初的人际交流是从模仿的原则开始的。如果我们将不成熟、迷茫的新生儿与一个被囚禁隔离在中世纪古堡地牢里的犯人进行对比，若这个囚犯听到隔壁牢房里显然有人，且突然敲了三下墙，他会怎么做？毫无疑问，如果我们处在囚犯的角度，我们会敲三下墙来回应，以示我们知道隔壁人的存在。这种模仿反应是符合进化过程的引导新生人类婴孩走出交流"监狱"的解决方式。假想中的被关在古堡里的囚犯会有意识且伴随思虑做出回应，与之相反，我们面对婴儿时，面对的是一个无定向能力的存在，他身上还没有拥有行动能力的"自我中心"。因此，如果镜像和共振机制能使婴儿与照顾者进行接触，或对此有帮助，它就必须自发地、直觉地、预先反射地发挥作用，即并不需要心理练习，毫不费力就可起效。事实上，进化为人类以及其他一些物种提供了这样一种机制。

镜像神经元或镜像神经细胞构成了通过镜像和共振与婴幼儿进行接触的神经元基础❹。它在人出生后不久就能有效地发挥作用，虽然还不完美。这个系统并不像人们偶尔读到的那样，是一个回声系统，会产生回声室现象❺。它是一个共振系统。如果你将两把调准音的吉他以小距离相对放置，并用力拨动其中一把吉他的低音弦使之发声，但之后马上用手压住琴弦使其再次静默，你会听到另一把吉他的低音弦发出柔和的回

---

❹ 原注：之前已经提到过，我写过一本关于镜像神经元系统的书——《为什么我感受到了你的感觉——直觉交流和镜像神经元的秘密》。它首次出版于2005年，在其中我展现了镜像神经元系统的运作方式和深远意义。出版时，此书是世界上第一本关于贾科莫·里佐拉蒂（Giacomo Rizzolatti）和维托里奥·加列斯（Vittorio Gallese）所发现的镜像神经元系统的书。该书首次说明了这一神经元系统对医学、心理治疗和教育学的重要意义。如前所述，哈尔特穆特·罗萨参考了我的书，并阐明了共振的社会意义。

❺ 译注：回声室现象，是指图雷特氏综合征症状的一种特殊表现形式，即人不自觉地模仿别人的声音动作。

响，尽管它并没有被触动。第二把吉他被第一把已经静默的吉他弦带入了共振（拉丁语"resonare"），它几乎可以说是"被感染"了。但这与回音完全不同，我们在山间峡谷发出的叫喊，从对面的岩壁上作为回声返回，但它还是我们的喊叫声，而不是岩壁的喊叫声。"山在呼唤"充其量是比喻意义上的，就像登山家路易斯·特伦克尔（Luis Trenker）所导演的知名电影的题目一般。我们在回声中听到的声波与离开我们喉咙的相同，它们只是被岩壁反射了。与此相反，第二把吉他的低音弦共振声则是它自己的声音。在产生共振的时刻，进入共振的物体发生了改变，在我们的例子中也就是第二把吉他的低音弦。相反地，岩壁在回声现象中不会改变其状态，不会开始呼叫或鸣响！

婴儿在没有意识到的情况下向照顾者发出的信号有：眼神、面部表情、无方向性的动作、表达欢乐或不安的身体语言、传达情绪的声音。只要成年人把他的感官注意力放在婴儿身上，也就是说，如果他感知到婴儿，并且接受婴儿对他的影响，这些信号就会在成年人身上引起共振。这种情况可以比作两个成年人之间的相遇，例如当病人进入医生的诊疗室时，只有当医生从屏幕上抬起头，感知到他的病人，比如感知到病人的目光或他进入房间的方式时，从病人传递出的身体信号才会给医生——就像照顾者见到婴儿时一样——提供关于病人状态的重要直觉信息。当照顾者不把他们的感知力集中在婴儿身上时，婴儿的信号就不会起作用，就好像照顾者花时间陪伴婴儿，但却把注意力集中在智能手机或笔记本电脑上时那样。这样不仅损失了与婴儿来回传播共振的宝贵机会，照顾者也失去了他们本可能拥有的幸福体会。

面对婴儿的照顾者内心感受到婴儿的情况，并依照直觉，将他的情绪反映出来。同时，照顾者在他们的共振中通常会加入一些有用的东西，比如让人愉快或者安慰的口气，由此从他们的角度在婴儿身上再次引发共振。双方交替着一会儿是第一把吉他的角色，一会儿又是第二把吉他的角色，在不断地交替变化中，双方发送和接收共振。而进入共振的人就会有改变：当婴儿发出幸福的尖叫声时，他将用他的喜悦感染我们；当照顾者听到婴儿恐惧或痛苦的喊叫声时，他身上也会发生共振。这种共振使他能理解这个孩子。只有当他通过在自己身上发生的共振理解了孩子，他才能帮助孩子。参与人际共振的双方不仅在心理上有所变化，即在情绪上发生了变化，而且在神经生理上也会发生变化：每一种内在感受——无论是快乐、痛苦、

恐惧、恼怒还是厌恶——都是由于大脑中的某些神经元网络在同
一时间变得活跃而形成的。如果我察觉到一个我附近的人是如何
体验到某种感受的，属于这种感觉的网络不仅在他的大脑中被
激活，也会在我的大脑中被激活。因此，他人的存在可以在我
们没有意识到的情况下改变我们的大脑。照顾者的存在塑造了
婴儿的大脑。向孩子发出的共振给了他关于自身的信息，它们
让孩子身上发展出最初的自我之感，之后再发展出一个自我。

感同身受的感知力和对婴儿发出的身体语言信号与冲动做
出的情绪回应是一门艺术，其中感觉和理性共同发挥作用。在
自己的生活中几乎没有体会过移情，因此对情绪感到不舒服的
人，会觉得这门艺术很费劲。例如，共振机制意味着一个哭泣
的婴儿首先会在处于共振中的、抱着他的成年人身上引发一些
不安和困惑。许多成年人害怕这种负面情绪，便会在面对一个
哭泣的婴儿时手足无措——这很可能是因为他们自己在儿童时
期曾经常被置之不理。只有那些不害怕恐惧感的人在这种情况
下才不会变得紧张，他们会俏皮地、充满爱意地用自己的声音
在婴儿激动的语气中调和一小会儿，然后安抚性地使婴儿平静
下来。即使这个过程比预期的时间长一点，他们在此期间也不
会变得烦躁。（婴儿有时会让人觉得，一旦他们变得激动起来，

尽管他们得到了安慰，却仍会在一段时间内保持愤怒状态，就好像他们想表明现在的情况对他们来说真的很糟糕。这时，成年人只能用耐心和幽默来应对。）同时，照顾者在这种情况下已经开始考虑，什么是导致孩子不高兴的源头。他最终会用安慰性的劝说来消除这些源头。共振能力意味着对在婴儿和自己身上产生的温柔和喜悦的感觉、恐惧和愤怒的感觉不做任何评价，并耐心地、充满爱意地、嬉戏般地处理它们。我的想象中，富有同理心的成年人，就如同在琴弦的声音下振动的精致吉他音板，是能够产生共振的。一面石墙———一个感情麻木或冷酷的人——则不行。

经过数星期与数月，婴儿每天有多次镜像体验，这会改变他并成为他自我的核心。指向婴儿的共振源于照顾者的自我，在婴儿的自我形成之前，照顾者是婴儿"扩展的思维"（作为心灵的外部载体）或"扩展的自我"（作为外部自我）❻。照顾者传达了自己面对孩子时的情绪，其中包含了由此产生的与孩子打交道的方式，也包含了对世界的某种看法，以及在世间行

---

❻原注：此处"扩展的思维"和"扩展的自我"引用了克拉克和查尔默斯的概念意义。还可参见莱尔的《社会扩展的认知和共享的身份认同》。

事和处理问题的某种方式。最重要的是，他们把关于自己的信息传给了孩子。传达给婴儿并被其接纳的是照顾者的"自我元素"。当照顾者用他们的共振来对待婴儿时，照顾者从自己身上提取的自我储备元素隐含了感知和阐释事物的风格、行动和反应的方式，以及某种隐含的和身体打交道的方式。这暗含了想法、态度、对未来的期望、倾向、厌恶和道德态度。在纵向自我迁移❼的框架内，以上的部分内容会被儿童吸收，成为儿童身上形成"自我"时的材料。这个过程无可替代，自我只能以这种方式在儿童身上形成。婴儿在照顾者的脸上努力地寻找相互共振的机会；他们跟随发给他们的信号，并完全接收它们。剥夺共振就如13世纪霍亨斯陶芬王朝腓特烈二世所做的不与婴儿沟通的实验一样，会造成严重的后果。❽如果一个婴儿被一个成年人长时间用冰冷而僵硬的面部表情注视着，❾婴儿会感到恐怖，并陷入恐慌。接着婴儿会在绝望中哭泣或尖叫，最终僵住并情感冻结，从而表现出典型的创伤症状。

---

❼原注：我将其称为纵向也就是垂直方向上的转移，因为这是从成年人（引申为处于上方）转移向儿童（引申为处于下方）。

❽原注：经受这项实验的儿童死亡了。

❾原注：儿童研究者将这种对婴儿有害的行为称为"面无表情效应"。

共振对孩子的生存很重要，它们慢慢引导出生时高度不成熟的婴儿走出出生后的迷茫，让婴儿一次又一次地体验到，每当我——也就是婴儿——开口说话时，"外部"会有人回应我，我——也就是婴儿身上——虽然缓慢但一定会产生出类似这样的认知：这里，即在我身上，一定有一个"人"，而那里，即"在外面"，也有一个人，也就是一个他者。婴儿最初的迷茫由一种内在基本秩序所取代，此秩序逐渐在两极之间，也就是"我"和"你"——一个自我和一个重要他者之间被建立起来。这两种概念，即"你"的概念与"我"的概念，一同产生了。可以说，人类的自我是一个双视角自我。我将更详细地讨论，"你"和"我"的内在形象实际上储存在一个共同的神经网络中。在出生时尚无功能的额叶，将在人成年后成为自我网络的安居之处。在生命最初的两年中，它经历了一个神经生物学上的成熟过程。因此在最开始的24个月里，第一个神经自我系统的原型会慢慢形成。在接下来的20年中，它会继续发展和成熟。此后，即使程度要小得多，它的发展与变化也会贯穿整个生命过程。

在生命的最初几个月里，连续的共振体验不仅使婴儿身上产生了一种认知，即他存在着。同时一定有一个类似于"我"

的东西，它还给孩子传递着信息。可以这么说，它在告诉他，他是谁。每个孩子都会习惯于一定的社会环境，而环境的氛围是由其中的照顾者塑造的。当婴儿的表达经常得到不耐烦的反馈、听到不耐烦的声音传达着诸如此类的非语言信息，"我不是刚给你吃了东西，换了尿布嘛！你就不能让我安静一会儿吗？！"又或者孩子感知到充满耐心和爱的共振——这两者间有很大的区别。当然，婴儿尚不能理解成人对他们所说的内容，语言和语言理解能力在生命的第二或第三年才会开始发展。但他们确实能理解对他们讲话的语气。他们能感觉到触摸、抱起、抱着和放下他们的方式是有爱心和耐心的，还是不耐烦而粗暴的。婴儿在会说话前的经历会被储存在神经身体记忆中——这里我们要提到所谓的岛叶，它作为身体"地图"服务于大脑；此外还有杏仁体，它控制着一个人对焦虑的承受力；最后是大脑的奖励中心，每当一件事情让人感觉良好时，它就会做出反应。❿在这段时间里，婴儿形成了对于其他人是感觉良好，还是引起不适甚至焦虑的基本感觉。可以说，生命最初几个月的早期经验储存在身体记忆中，会被叠加起来并被

---

❿原注：参见《身体的记忆》。

抽象化，从而形成缓慢出现的自我系统的基础。在生命的头几个月所经历的共振会成为婴儿的内在"文本"，它们产生一种无声的内心独白，可以让孩子在会说话前就感受到："人们很高兴听到我的声音，人们对我感兴趣，我在这个世界上是受欢迎的。"但它们同时可能向他传达了这样的信息："如果我发出声音，就会让别人有负担，所以我最好让自己乖乖的，显得不起眼，不要提出任何要求。"许多在家庭中受到情感忽视，几乎没有得到任何情感回应或受到无差别、非个性化对待的儿童，会把这样的内心讯息带入生活中。无论给孩子的共振传达着什么样的信息，它都会成为自我的一部分。

越来越多三岁以下的幼儿，包括许多不到一岁的幼儿，多年来一直在托儿所或日托中心接受照顾。如果照顾三岁以下儿童的机构设施符合最低的质量要求，那似乎就没有什么问题。在所有专家看来，其最重要的质量特征是1个儿童教育工作者照顾3个三岁以下儿童的人员配置比例。然而在生命的第一年，这个配比应该是1∶2。提出这一要求的原因是，只有专门针对一个婴儿的共振才能让孩子感觉到这是个人化的。对幼童的身体护理也需要一对一的交流，这种交流不应是仓促进行的，而应是充满爱意的。不到一岁的儿童需要双人的、也是双向的接触。针对婴儿的共振也应该是实时的，这意味着它们应该是对婴儿的表达所做的及时回应。孩子在出生后18到24个月左右的需求和从三岁左右开始的需求有根本性不同。突发情况（及时反馈）和足够的双人沟通（一对一的场景）在人生的头两年中有重要的意义。当孩子们已经度过了他们的第二个生日，正处于人生的第三年时，不仅是个人化的交流对这些幼儿园年龄的孩子来说很重要，在团体中有交流并且适应社会也同样重要。日托中心必须配备充足的工作人员，这不仅指在数量上，而且要体现在质量上。照顾年幼的儿童不是一项可以推给实习生的任务，它需要合格的儿童教育工作者。在这方面，几乎所有地方目前都面临人才短缺。因此，父母在婴儿出生后的头18个月里尽可能多地抽出时间来照顾他们是一项很好的投资。在孩子出生9个月后，父亲们尤其该多陪伴孩子。这将减少孩子以后需要儿童精神治疗的可能性。一个社会若在儿童早期护理上节省，那么之后就必定要把省下来的钱投入治疗儿童精神疾病和治疗性教育设施中，以及用于学校社会工作者身上和少年司法机构上。

因进化所需，人类出生提前以及由此导致的新生儿不成熟，使得人类生命的最初两年是一个敏感、易受到干扰的阶段。儿童需要其周围社会环境大量的时间投入。这似乎看起来是一个缺点，因为在任何其他物种中，孩子在出生后都不需要为了培养基本的运动能力和感知能力，尤其是为了发展"自我意识"或者发展出一个自我，与一个或几个主要的照顾者进行如此密集而长时间的联系。如前所述，与所有其他物种不同，人类婴孩的自我意识并不是在早期身体能力的基础上形成的。人类以一种绝对独特的方式，即"我—你的意识"方式来发展自己的自我意识。共振原则让主要照顾者的情绪、态度和行动方式成为孩子的感受和内心态度。大家都知道摔倒在地的幼儿会寻找母亲的目光，并以此来衡量跌倒的情况是否严重。这种在儿童研究中被称为"参照效应"的现象并不是一种怪事，这是儿童行动的一个基本原则：照顾者向孩子反馈的内容会成为儿童心理和生理现实的一部分。参考前文已提到的哲学家安迪·克拉克和大卫·查尔默斯的观点，照顾者对于儿童来说可以被称为"扩展的自我"。照顾者的悲伤即孩子的悲伤；他的痛苦即孩子的痛苦；他的快乐也将是孩子的快乐。情绪感染不仅是成年人向儿童传递情绪，它也存在于同龄人之间：医院的新生儿科中——只要一个孩子开始哭，不过一会儿的工夫，所有的孩子都会开始哭叫。

互相模仿、镜像和共振可以成为婴儿或幼儿和与他相处的成人之间神奇时刻的基础。母亲、父亲或护理者模仿婴儿的语言哼唱来给婴儿反馈，婴儿在襁褓桌上感受到的动作，以及他们被抱着时的摇晃，都可以为他们打开一扇通往音乐、节奏、舞蹈和语言世界的早期的直觉之门。较早并经常接触类似上述语言反馈的儿童会比其他儿童更早地发展语言能力。而且更重要的是，共享双向经验和彼此同步进行动作的时刻——其中婴儿自然更多处于接受或被带入共振的角色——创造了情感联系即"依恋"，其在英文专业文献中被称为"Attachment"。它是一种有神经生物基础的基本人类需求。缺乏依恋的婴幼儿会出现严重的障碍，这不仅涉及心理健康，而且影响大脑发育。如果孩子在出生后的头两年里被照顾者自始至终"客观"而"理性"地对待，那么这是有害且可能会造成创伤的。虽然理性始终在生活中发挥着重要作用，即使在面对婴幼儿时也是如此，然而，"理性对待"并不意味着无视孩子在生理上对镜像、共振以及依恋的需求。

那些建议对婴儿和儿童进行冷漠处理并常常兼有放任婴幼儿长时间哭泣的指导性文献和育儿影片，还有这样建议的护理机构和儿童医院，人们必须保持警惕。旨在剥夺儿童对亲近和受保护的内在需求的"治疗"不能帮助家中存在有行为障碍的儿童的家庭。剥夺父母对孩子的亲近，特别是对此进行故意诱导或加强，来作为一种"治疗"建议，会使孩子进一步受到创伤或加重心理障碍（行为、睡眠和进食障碍）。此后，成长中的儿童或青少年可能会面临的后果有焦虑、抑郁、移情能力缺陷和攻击性。如果一个家庭中孩子出现行为问题，首先需要得到帮助的是父母，让父母感到有负担的孩子也承受着很大的压力。在大多数情况下，这种负担是父母在没有外部帮助的情形下所无法摆脱的。如果父母持续处于压力之下，就会损害儿童为获得安全感而需要感受到的自然的家长权威，并且削弱了孩子融入家庭集体的愿望。一旦父母接受家庭治疗的帮助，并恢复自身的平静和秩序，他们自然的家长权威也将重新建立起来，其结果是孩子的状况和行为也将得到改善。

我与你、自我与他者之间一生的紧密结合，使人成为完全的社会人。这虽然不意味着人类在道德上是"高尚"的，❶但没有其他物种能像人类一样，很好地、有效并乐于进行这种形式的"合作"。早在生命中的第一年，婴儿就更喜欢能与之进

---

❶译注：作者在这里指人类无法与其他物种进行道德比较。

行合作的人而不是与之敌对的人。在一项研究中，人们给几个月大的婴儿通过屏幕看一个视频片段，其中显示了两个不同长相的演员。一个角色总是帮助身边的人，另一个则干扰和破坏别人的行动。当人们接着让那些甚至还不满一岁的幼儿在两个人物中进行选择时，小宝宝几乎百分之百选择了帮助者。当人们让演员互换角色，孩子对帮助者的偏爱仍然没有改变。小至两岁的孩子都愿意尽其所能地帮助陌生人，即使他们这样做并不会得到回报。因此，理查德·道金斯（Richard Dawkins）等进化生物学家和某些行为治疗师所宣传的理论，即儿童从本质上说是"世界上最自私自利的人"[12]，就是一派胡言。这样的表述在教育学上造成了很大的弊端，因为它把儿童当作成人要与之斗争和压制的敌人。这样的教育学建议是一种自证式预言，正是把儿童当作潜在敌人来对待的成年人造成了儿童的行为障碍，而这些障碍还被错误假定为是先天存在的。如同在一些媒

---

[12] 原注：这一说法于2018年出自一位心理学家，他领导一家盖尔森基兴的儿童诊所。他的治疗方法存在问题并被专业协会判为不适当而拒用。此方法在同年上映的一部名为《家长学校》的电影中被表现出来。在理查德·道金斯的书《自私的基因》中也有类似的表述。道金斯本人既没有研究过基因，也没有做过与儿童或家庭相关的工作，他却在书中将父母和儿童表现为敌对双方，双方之间主要都是算计和欺骗。在我的书《合作基因》中更详细地探讨了理查德·道金斯的这本书。

体报道中讲到的情况一样，让孩子在无同情心、类似军营的机构中成长会把孩子培养成情感匮乏的人。在这样的环境下，人与人之间的联系常常得不到发展，取而代之的是不宽容的意识形态、好战的态度或个人崇拜，而且这三者常常会同时产生。

在儿童时期没有被忽视或遇到冷漠对待而受到创伤的人，在成年后能很好地与人合作，其原因在于早期的"我和你的联结"以及由此产生的双视角自我。这使得人类能够比其他任何生物更好地对同类，但也包括对许多动物物种有同理心。因此，人类将从进化的角度看来是一种缺陷的过早出生，变成了一种优点。横向自我迁移意味着，婴儿在生命的最初几个月里，从他的角度体会到的"你"都会成为他的一部分。之前已引用的哲学家弗里德里希·尼采和马丁·布伯就清楚这种奇特的作为人的条件。重要照顾者的所作所为、所思所想和意图都会成为对孩子有益的或造成不幸的一部分，这个过程被称为心力内投❸。从神经科学的角度来看，人需要通过"你"成为自

---

❸译注："心力内投"源自西格蒙德·弗洛伊德的理论。与自我身份认同不一样，心力内投是自我结构中一种不成熟且根深蒂固的机制，通常发生在童年早期。这个过程所涉及的意图、价值观等被称为心力内投物。

我。人类自我从特定的社会和文化环境中诞生，是生物学上我们这个物种的特性。因此，一个自行发展的、从一个人内在的某种根源中产生出自我，只是一个幻想。有些人可能会沮丧地发现，基于神经科学的认识，人类无法自己创造出自我。除了自闭症的特殊情况，人类只能通过"你"来获得自我，这一事实的结果是不能消除孩子与"你"的联系。而在今天，父母的照顾时间减少，有时过早就把孩子交给照料机构，还有数码设备进入儿童生活，人们可以观察到孩子与"你"断联的现象。如果失去了一个有同情心、对孩子做出个体回应并提供支持的"你"，孩子患上情绪不稳定、注意力缺陷障碍、抑郁症、成瘾症和自闭症的风险就会增加。从这一部分展现的内容中必须吸取的教训是：我们的孩子需要一个社会智力环境❶，即父母或合格的照顾者，能够为他们提供一个可靠的、有爱的，并且不束缚、提供支持的"你"。

---

❶ 译注：社会智力是了解自己和他人的能力，产生于与人打交道的经验以及对社会环境的学习。美国心理学家桑代克（Edward Thorndike）在1920年第一次将此定义为"理解和管理男人和女人以及男孩和女孩，在人际关系中明智行事的能力"。

第二章

CHAPTER

2

「扩展自我」和自主性

　　众所周知，有依赖性对人类来说是羞耻的，人们会尽可能地掩饰它。这种羞耻感让人不难理解，为什么绝对的独立和对无限自由的期待对许多人来说似乎很有诱惑力。摆脱人际关系的重力、超越他人，从而达到某种伟大的目标，这样隐秘的愿望让人联想到伊卡洛斯。他无视了父亲的警告——在用蜡粘成的翅膀飞行时不要离太阳过近❶。人类想要自主是完全有道理的。但无论我们如何挣扎，试图去摆脱扎根于我们内心的"你"以及许多对外部人际关系的依赖，都是注定要失败的。去接受这一点是一个心理成熟的过程，它需要几年时间，有些人甚至永远不会成功。依赖性和自主欲望之间的较量在每个人身上都会终身上演。它开始于生命的第二年，人在青春期时，将会在更高、更复杂的层面上第二次体会到它，它会伴随我们一生。在通常情况下，生命末期衰老出现时，它又会再次达到

---

❶译注：伊卡洛斯为古希腊神话中的人物。其父亲代达罗斯为克里特岛的国王米诺斯建造了迷宫，之后想要归乡时却不被允许。代达罗斯和伊卡洛斯一同被囚禁。后来代达罗斯发明了飞行翼，二人想借此逃离岛屿。伊卡洛斯在使用飞行翼时离太阳过近，飞行翼中的蜡融化导致他坠海身亡。

高峰。

一旦人不再需要母亲的乳房，可以爬到几米之外，就开始体验到自主与依赖性的矛盾。虽然与"你"的联系是在人生命之初自我出现的原因，但在那之后不久，事情就向反方向发展。婴儿过了第一个生日后不久，一场伴随其一生的争取自主权的斗争就开始了。依恋和自主一开始看起来是矛盾的，但事实上它们是相互依存的。在儿童对其照顾者密切、可靠的早期依恋感与儿童敢于发展自主能力之间存在着一种依赖关系：只有在父母、照顾者那儿拥有"安全港湾"、有可靠依恋的儿童才会冒险离开他们"出海"，探索自己周遭的环境。缺乏安全感的儿童会胆怯，表现得依依不舍，并且特别难以接受暂时的分离。一些创立了所谓的依恋研究的科学家发现了这种关系。猿类研究者哈里·哈洛（Harry Harlow）的实验已经表明，稳定的即对孩子来说与父母可靠的依恋关系并不与自主性的发展相矛盾，而是年轻人可以独立的先决条件。没有母亲在身边保护的猿类幼崽会表现出恐惧和胆怯。英国科学家约翰·鲍比（John Bowlby）和玛丽·爱因斯沃斯（Mary Ainsworth）等人明确指出，儿童对一个或多个照顾者的稳定依恋是无比重要的。在德国，依恋研究方面重要学者有卡琳·格罗斯曼

（Karin Grossmann）和克劳斯·格罗斯曼（Klaus Grossmann）以及卡尔-海因茨·布里希（Karl-Heinz Brisch）。在儿童体验到的安全的早期依恋和其发展自主的能力和勇气之间存在着一种辩证的关系。顺便一提，这种辩证关系也是人类内在无穷创造力的基础：这来源于双视角自我，其基础是在生命开始的18个月内奠定的。只有能从不同的角度观察一个问题或物体的人，才是有创造力的。人有创造潜力的原因之一就是，人总是有通过别人的角度看世界的能力。

在人类的主观经验中，不论人际间的依赖和对自主性的渴望有何相互作用，它们之间肯定存在着一种对立冲突。孩子们在出生后的第二年开始争取自主权时，喜欢全力以赴，急于达成目标，如果我们不保护他们，他们偶尔也会把自己置于极大的危险之中。许多成年人常常在内心中还是个孩子，在依赖和自主之间找不到一个很好的平衡点，像孩子一样总觉得自己无所不能。矛盾的是，这恰恰是因为他们儿时的自主性发展被完全遏止，或者没有受到任何限制。最终，特别是对那些儿时的自主性发展受到干扰的人来说，不可能兑现的承诺——比如我们做了、实现了或买了什么特别的东西，我们就能成为多么自主和伟大的人——会在后来的日子里对他们产生一种神奇的吸引力量。当我们否定人与人之间的依赖而去追逐宏伟的幻想时，依赖性却会潜回我们身边。正如可以观察到的那样，许多人追随那些心理不正常、向追随者作出虚幻承诺的"领袖人物"。这背后有各种原因。其中之一就是，许多人渴望经历一次解放行动，将他们从人人都身处其中的复杂依赖关系里解脱出来。

我们和许多东西以这样一种根本的方式相互依存——甚至超过了婴儿期——并将一直如此，直到我们的生命结束，这一事实困扰着我们，以至于我们在一生中都要花费所有精力试图在自己和他人面前忘记这一事实。如果我们诚实地去观察，许多被动发生在我们身上的事情，往往在回望时会被解释为我们自己取得的成就。这种行为在日常语言中也有体现。虽然实际上无可争议，我们是被送进了幼儿园和学校，孩子或青少年每天都被人开车送去那里，但我们却说我们上学或去了这些地方。当我们介绍自己生平的成就时，通常会忽略这样一个事实：我们依靠所得到的生活费、依靠许多人的帮助，或者依靠考官的仁慈宽容才能接受教育和毕业。我尊敬的同事马丁·泰辛（Martin Teising），柏林国际精神分析大学的校长，最近联系上述现象向我指出，人类谈论"我们死亡"也是无稽之谈，因为我们通常是"被死亡"——死亡是发生在我们身上众多自然法则之一。但即使是这样，我们显然也感到难以接受，这就是为什么我们甚至抱怨自己的死亡。然而，当我们认为自己离死亡还有安全的距离时，我们又通常会希望可以自主决定自己何时死亡。好几次，我见证了一些在年轻时曾制定过伟大的法令的人，在即将到来的死亡面前自然而然地又重新热爱起赤裸裸的生命。

成年人经历了人与人相互依赖所带来的矛盾感，就可以明白幼儿随着慢慢摆脱婴儿期，在生命的第二年中都经历了什么。处于这一阶段的儿童与许多成年人的感受大致相同。婴儿的"我"与"你"的结合是一个参照系，孩子想用自己来对抗它。孩子现在开始测试他的游戏范围，用自己的意志反对成人的规定，并会说"不"。在神经生物学上，这一过程伴随着一个独立于"你"的自我网络的形成。这些网络位于顶叶和颞叶之间的过渡区域，即所谓的颞顶交界处。在生命的第二年，孩子们愈发成熟的行动能力支持着他们对自主的渴望，他们的感官已经很敏锐了。儿童了解到一个内在世界和一个外在世界的存在。他们体验到自己发展中的运动机能的巨大潜力。用自己的双脚站立和行走的能力将这一切强化为一种自我效能感的强力迸发。由于2岁至4岁的儿童愿意试探他们新的游戏范围，但在这个年龄段他们还没有认识到许多危险，并高估了自己的能力，因此成年人必须为他们设定界限。但要适度地、有同情心地、在不影响孩子欢乐的探索乐趣的同时做到这一点，是一门教育学的艺术——这也是为什么在日托中心从事教育工作的人需要合格的培训，并且应该在足够的人员配比框架下开展工作的另一个原因。在这个年龄段，玩乐是最重要的。这个时期，孩子可以尝试自主和创造。为此，儿童需要在室内和室外都有受保护的探索和行动空间。

一方面是持续的相互镜像和共振关系，另一方面是孩子对摆脱照顾者，变得与照顾者不同的愿望，这种摇摆在生命第二年开始的语言发展中表现得特别明显。成人不断地用语言进行着他们对孩子的镜像、共振行为——他们无论如何也都应当这样做。因为语言也同样是一种从成人向儿童的纵向传递。语言作为自我的核心部分，也是人类通过镜像和共振所获得的：尽管婴幼儿远不能掌握语言，但当成年人对婴儿或幼儿讲话时，不仅是婴幼儿大脑中负责听觉的区域被激活了。在倾听时，大脑皮层中日后产生语言的区域也会受到刺激和训练。针对孩子的言语，在孩子的大脑中所引发的共振会留下难以磨灭的痕迹，如一种指纹，帮助孩子在自己的第一次语言尝试中站住脚。孩子通过模仿习得语言，众所周知，这种美好的体验会让每个父亲和母亲都陶醉其中。作为对其语言尝试的回应，儿童得到了验证和纠正的共振。当孩子勉强能够表达出最初的只言片语时，他就发现了说"不"以及其标志着的自主可能性。语言是一种独特的工具，人类可以用语言符号来表示认知、行为以及伴随两者的评价和感受。比如在一连串的事件之间建立或假设逻辑联系时，语言可以描述"事实上"发生的和"真实"体验到的事物。但它也可以取代真实事件，例如将未曾发生或经历的事带入想象或记忆中。包括生物学家和医生在内的许多人都抱有一个错误的假设，即不是"事实"或"真的"发生的事，而"只是"用语言传达的东西，即"只是"符号化的东西在生物学上并不重要。这是一个基本错误。诚然，我们生活在一个充满话语的世界里，而其中许多言语都已经成为空壳。但是人们相互之间的话语也可以像子弹一样，产生巨大的生物影响。

语言习得意味着在所说或所听的东西与所指的事件，即语言所象征的东西之间，建立一种联系。这种联系通过学习得到并内化，它扎根于神经元上。这就是为什么语言已经被证明可以像真实事件一样对人产生神经生物学上的影响。人与人之间的交流或话语可以在客观上产生如药物般的生物学效应。我将在后面的第四章中连同其他内容一起展示这是如何发生的。由于婴儿尚不懂语言，给予因孤独而哭泣的婴儿的共振，只能是让他在身体上体会到他渴望的亲近——除了皮肤接触和爱抚，还包括婴儿般话语的音调。对于稍大一点、能够说话的孩子来说，这种生存所需的共振也可以通过象征性的方式，即通过语言的方式来给予，例如通过不断作出爱的承诺或告诉孩子一会儿就会到他身边去。正如相应的实验所显示的那样，语言与身体体验一样可以实现神经生物学上的解压效果，甚至调节相应基因。接受压力测试的儿童必须在考官的观察下自由发言并解决一个简单的算术问题。与成年人并无不同，他们会激活大脑中一个重要的压力基因。如果人们允许孩子在压力测试期间与母亲有电话联系，压力基因的活跃度就会明显降低。当然，对儿童不应过度使用语言的象征性作用。我们有多少次只是用话语搪塞孩子！儿童本性注重身体存在感，需要许多良好的身体体验，他们需要我们真实的存在。

那些想离开对照顾者的依赖并争取自主权的人必须学会调节自己，以免像伊卡洛斯一样坠落身亡。儿童和他们的照顾者可以且必须在生命的第三年开始以充满爱的方式面对这项任务。❷不过我要再次提醒，这项任务要当一个孩子过了两岁生日，也就是当他处于生命的第三年中再开始。家长、日托中心或儿童精神病医院尝试让孩子更早开始进行自我调节，这会使孩子不知所措，并可能使他受到创伤。不幸的是，一些在日托中心中发生的令人不安的事件被记录下来，护理人员虐待两岁以下的儿童，因为孩子不遵守禁令和指示。❸但是，在这个年龄段的孩子根本不能做到遵守这些事。这类事件的过失总在于负责相关设施的机构——不仅包括错误制定了优先开销事项的社区和福利组织，而且还有无能的家长联合组织。如上文中所

---

❷原注：我在自己的上一本书中讨论了自我调节这一主题，参见《自我控制——重新发现自由意志》。

❸原注：参见马丁·考尔（Martin Kaul）于2017年6月1日发表在《日报》第5页上的文章。柏林的"示范区"普伦茨劳尔贝格的一个日托中心里，保育员把不想睡觉的一两岁的孩子绑起来、脸朝下固定着。有好几次，儿童被放在床垫上抬到其他房间，床垫又从50到70厘米的高度上被扔下来；当孩子们不想吃东西时，保育员就用手指"推塞"食物进孩子口中。这些事件发生在一个照顾10个月以上幼儿的机构中。我认为，对于涉事的日托中心只是个案的假设，和坚信性虐待只限于几个个案一样，是过于天真了。这种可怕的事件可以在任意照顾者由于人员配置比例不足，而陷入过度负担的地方发生，而目前各地都有这种人员配置比例不足的情况。

说，根据专家们的一致意见，儿童在出生后的第一年所接受照顾的地方，其人员配置比例应为一名照顾者配比两名婴儿。在孩子生命的第二和第三年，该比例至少为1：3。只有在这之后，幼儿园的人员配比才适用。❹这个育儿比例是一个强制性的要求。正如前文所说，在生命的头两年中，自我核心形成的条件是在婴儿身上双向和实时（及时）的镜像和共振。

因此，学前儿童教育被划分为两个阶段。第一阶段持续约24个月，儿童自我感觉的发展，伴随着自我网络在额叶的下层结构中产生（纵向自我迁移Ⅰ）。从出生后的第三年起，父母和照顾者应将注意力转移到以下任务上，以充满爱的、适合年龄的方式，循序渐进地去引导孩子学会考虑他人的角度。这也关系到额叶的上层结构成熟。与此伴随着自我系统的决定性扩张：在双视角自我（"我是你，感你所感；你是我，感我所感"）之上多了第三种视角，即自我观察者的视角（"别人会如何看待我的所作所为？"）。如同主体自我一样这个自我观察者的产生是基于纵向迁移（纵向自我迁移Ⅱ）。照顾者可以以充满爱的方式向孩子反馈他的行为对别人意味着什么。通过视

---

❹译注：欧盟对于幼儿园的人员配置比例最低要求为一名教育者配比八名儿童。

角转换的实践引导孩子遵守规则，而孩子也学会了等待、分享和克制冲动，使自己达到良好社会共同生活的要求。

教导孩子改变视角为他人着想，并不是一件违背孩子天性的事，获得改变视角的能力不仅是人类生物特性的一部分，而且是获得自主性不可缺少的先决条件。为了成为自主的人，每个孩子都必须学会现实地评估其周围环境，不让自己暴露在不必要的危险之中。最重要的是，孩子应该发现社会共同生活的成功秘诀。其他高等哺乳动物也进行着类似的教育行为。著名的灵长类动物学家珍·古道尔（Jane Goodall）在被我问及黑猩猩是否教育其后代时，曾经回答道："哦，当然，他们这样做！"当我问到在这个物种中，母亲想告诉孩子，它们的行为不好时，母亲会怎么做时，她补充说："它们会咬孩子！"然后，年幼的动物将不得不忍受被非伤害性地咬耳朵。我们不应该从中得出结论——应该让儿童遭受痛苦。与人们常能听到的社会心理学或教育改革学派的说法不同，教育并不是一个"违背儿童天性"的计划。恰恰相反，如果我们不对儿童进行现实主义和社会可接受行为的教育，我们就会阻碍和破坏他们生物学上额叶脑的成熟。

人类能够在不使用暴力的情况下教育孩子，而且不必像黑猩猩母亲那样咬住后代的耳朵，以使它们的行为符合社会的要求，这要归功于语言。虽然儿童站在他人角度看待问题的能力是与生俱来的，但这只是一种潜力。只有当我们多年来不断地与孩子们谈论他们的行为，当我们在必要时总是以友好的方式纠正他们，并成为他们的好榜样时，这种潜力才能得到发展。如果我们和孩子一起练习改变视角的能力，额叶的上层结构就会成熟。在这里形成的神经元网络能够储存关于别人是怎么看待我所做的事情的信息。我们已经在额叶下层结构自我网络的形成中了解到的双视角自我，由此变成了三视角的自我。❺上层结构中的神经元网络让人能通过别人的眼睛有意识地、反思地看待自己，且让自己像从外部一样来观察自己。练习视角转换和以此让额叶上层结构成熟的最佳环境就是一个同龄人的群体和在这种群体内发展出来的游戏。因此，最迟从生命的第三年开始，儿童应该在这样的群体中度过一天中的大部分时间。这些群体必须由合格的教育工作者进行看护。孩子们不可能自

---

❺原注：内在三视角自我的建立与其他地方描述的三角关系相关，也就是在父权制家庭仍然存在的时候，父亲进入孩子此前只由母亲决定的认知世界。父亲的角色被定义为制定规则和惩罚孩子的人。这些与父权制相关的模式已经过时了。母亲和父亲的角色都可以，而且应该能由父母中的任意一方承担。

己快速破译人类花了几千年时间才发现的良好社会互动的秘诀。他们需要帮助才能做到这一点。因此，如果规定所有儿童从三岁起就必须上幼儿园，这将是一件幸事。

对少数照顾者——父母双方或其中一方、教育者、祖父母和其他可能的亲属的可靠依恋关系，是儿童最重要的需求和核心动力，甚至在其生命的第二年之后，仍然如此。在整个童年和青春期，当一个年轻人遭遇失败、受到了伤害或者犯了错误时，他都需要一个或最好有多个人让他可以充满信任地去求助，让他感到被爱。只有在儿童和青少年时期感受到爱和归属感，即感到有安全依恋时，他们才会产生活力和生活乐趣。活力、生活乐趣和动力与置于中脑的特定神经元网络的活动相关，这些网络被称为动机系统。只有它们能够产生神经递质多巴胺，没有这种神经递质，一个人的精神力量就会衰退。

动机系统与额叶的自我系统相连，它既代表自我，也代表重要的"你"，也就是重要的另一半。可以做自己，并且在不影响与亲近的人的和谐的情况下做自己，对人来说意味着最大的幸福。❻当来自关键照顾者的自我元素被吸纳到自己的

---

❻原注：查尔斯·达尔文已提过这种说法。另见《合作基因》。

内在自我中，而这些元素又否认自体的价值时，自我就会饱受折磨。与亲密依恋人物关系出问题被自我系统认为是不和谐的，是一种障碍。这可能导致动机系统大受影响，并使儿童和青少年甚至成年人的行为发生相应的变化，特别是导致其有攻击性或抑郁倾向。因此，如果儿童或青少年在较长时间内出现孤僻、无精打采、悲伤或有攻击性的行为时，人们就应该设法接触他周围的环境，并帮助缓解或解决环境中存在的干扰。不仅在童年，成年后自我系统和动机系统也是人类的中心轴。因此，人不仅在童年和青少年时期，在整个人生中都需要良好的人际关系。

鉴于人类自我与社会环境的复杂交织，自主性的自由空间又在哪里呢？成功发展和获得自主性的过程有三个决定性的前提条件。首先，人体内必须有一个具备能力的"行动者"，当时机成熟时，这个行动者会努力寻求自主。寻求自主意味着要离开由陪同者所引导和保护的熟悉道路。变得自主不仅意味着开辟新的可能性和机会，还有接受冒险。这些都需要勇气，而只有拥有足够强大的自我核心的人才拥有它。

然而，自主性不仅需要强大的自我和勇气，还需要谨慎和对边界的认知，这就是第二个前提条件。这取决于自我是否有一个正常的自我观察者，告诉自我别人如何看待自己，并帮助导航自我之船。那些不具备这种能力的人不能进行现实的评估，会高估或低估自己，并且在尝试自主时有很大的失败风险。到目前为止提到的两个前提条件是显而易见的。年轻人在进入青春期之前，原则上应该已具备从外部角度看待自己的能力。但在青春期的情绪风暴下，这项能力再一次面对考验。

人们很容易忽视的是，必须为自主性的发展提供第三个先决条件：灵感、刺激、鼓励。这样的灵感来自其他人，主要来自导师（我之后会再来谈谈父母的特殊角色）。例如，亲戚可以是导师，往往学校或学术上的老师也可以。有时，这种动力也来自文学中或媒体上的榜样。无论如何，决定敢于尝试自主的年轻人都需要一个信息，隐含地、不一定明确地表达出类似以下的内容："你被允许为你的自由而战""你可以以不同于我们或你父母的方式去做事""你可以做出自己的决定""你可以与其他人不同"。在所谓的集体主义或社群文化中，❼接受自主

---

❼原注：本书第十二章讨论了个人主义文化和所谓的社群文化之间的区别。自2015年以来，作为难民来到我们这里的大多数人都来自中东文化。中东文化就是一种社群文化。东欧的社会包括东德，在1989年之前也属于社群文化。

个人发展挑战而走出出身环境预设的年轻人明显较少，这表明了这种鼓励的重要性。当那些敢于自主的人，在他们生命中的某个时刻，通过重要的照顾者受到启发时便再次遇到了自我迁移现象：导师的自我成分（也就是认为获得自主是属于个人发展的一部分的态度）被传递给接收者，并且在接收者的自我上找到了入口。

父母在青少年的自主过程中发挥着非常特殊的作用。他们在这个过程中担当的角色可能非常不同。有些父母表现得很有帮助，在适当的时候"释放"青少年，但同时保持"待命"状态——以防他们的孩子仍然需要援助或支持。出于各种不同的原因，并非所有父母都能有这样信心十足的态度。人们经常可以看到使年轻人难以找到自主道路的两种情况：一方面，父母不给年轻人分离的时间便把他们赶出巢穴；另一方面，他们阻碍或完全阻止"剪断脐带"。从我在医疗实践中遇到的情况来看，这两种情况中的第一种在最近几年里显著增加。青少年往往过早地接触到一个完全陌生的环境，然而他们还无法应对。例如，近年来我所看到的许多案例都涉及14至17岁的年轻人过早地去海外生活，住宿在未经充分审查的寄宿家庭中。在这种情况下，不仅是少女，还有不少青年男女都面临着各种威胁或侵害，例如寄宿家庭的父母有性虐待企图或有成瘾问题等等。

与过早"赶出巢穴"一样常见的是许多父母试图永不对他们的孩子放手的做法。父母面对子女变得自主时的矛盾心理可能有很多原因。一些父母无法忍受与分离一同而来的离别之痛，他们会去激发孩子心中的内疚感——"我不能离开父母这会伤害到他们，我必须和他们在一起"。还有一些父母往往是无意识地认为他们的孩子是一个潜在的竞争对手。孩子有一天可能会超过他们，甚至说，会让他们成为失败者。这一立场触及了孩子心中已经存在的原始恐惧感——"我不能比我的父母强这会伤害他们，要考虑到他们的感受而不能成功"。近年来，许多有不明原因的学习、工作和效率障碍的年轻人来找我咨询，他们都在治疗中表现出了这种无意识的顾虑。我尤其记得一个来自工人家庭的年轻经济学学生。因为他的学习成绩很好，他的母亲和一些老师都支持并鼓励他上大学，在大学里，他也继续拿着最高分的"成绩单"❽。在毕业考试前一年，当他开始紧张地备考时出现了不明原因的注意力、记忆力和工作障

❽原注：成绩单（德语为Scheine）是课程或实习结束时的考试证书。

碍。一位私人诊所的专家怀疑他有成年人注意力缺陷多动障碍，建议他到大学医院找我就诊。对案例的分析展现出，这个年轻人和他的父亲多年来一直喜欢一起讨论政治，但随着年轻人的学业晋升，双方在谈话中越来越有分歧，他的学术专长与他深爱的父亲的简单思想越来越不相容。在心理治疗中可以发现，他不自觉地害怕因出色地完成学业而否认和伤害父亲。因此，他内心的某些东西已经开始阻碍他去努力学习。当这种联系被说明清楚，并且矛盾的感觉被仔细研究后，他便以最优异的成绩通过了考试。

成功的自主性意味着生活的幸福。时候到了却不"放走"孩子的父母或导师会为他们的孩子缺乏独立性而付出代价，要么是让孩子患上抑郁症，要么就是孩子具有攻击性。对许多年轻人来说，勇敢的尝试发展自主性是充满困难、内疚感、严重冲突和其他痛苦与折磨的一段经历。原因就是缺乏上述三个先决条件中的一个或多个。有一则经典传奇故事描述的就是父亲不允许儿子独立发展的悲剧性案例。一个父亲得到预言，他未来的儿子有一天会杀死他（这可以相应地解释为儿子有一天会脱离他，成为独立的人）。作为预防措施，他在儿子出生后刺穿他的脚，并抛弃了他（父亲用剥夺孩子自主的机会的方式来伤害他；被抛弃意味着父亲和儿子之间的关系被摧毁）。俄狄浦斯❾，这个被父亲伤害的儿子，经历了充满冲突和斗争的多变发展，最后杀死了他的父亲。然后，他娶了一个女人，却没有意识到那是他的母亲。西格蒙德·弗洛伊德让这个希腊神话闻名于世，因为它反映了在许多家庭中可以观察到的家庭关系。若父亲不对儿子"放手"，儿子可以说如同带上了枷锁，尤其面临着与母亲形成不健康、过于亲密的关系的危险，并成为所谓的"俄狄浦斯情结"牺牲品。一个没有被"放手"的女儿身上，也会发生非常类似的不良现象。

为了能获得自主和变得幸福，儿童、少年和青年人需要他们的父母、教育上的陪伴者和导师所给予的自我元素。这种自我元素要在没有惩罚威胁的情况下"放任"年轻人自由，给他们适龄的机会超越既定的东西去发展，走自己的道路。然而，为了能成长为"超越既定的东西"，这个"既定的东西"首先必须存在！我们不给年轻人任何指导，他们就会发展出自主性，这种假设是错误的，我将在下一章中用一个令人印象深刻的例子来说明。如果我们不向他们说明我们的价值观，如果

---

❾作者注："俄狄浦斯"一名意为"肿胀的脚"或"畸形足"。

我们不把他们引向具体的机会，不把他们导向知识和能力的获得，不向他们要求什么，而只是留给他们自由的空间——"你就看看你喜欢什么"，那么例如戴安娜·鲍姆林德（Diana Baumrind）的研究所显示的那样，在自由放任条件下成长的儿童，其自我意识会被削弱。儿童和青少年需要支持和友善的反对。只有这样，他们才能在别人的反对中证明自己，并真正体验到自主性。

在儿童和青少年获得自主性的道路上陪伴他们，是一件需要权衡多方的事。这需要孩子和成年人——特别是在青春期的几年里——很多的能量。一方面，儿童和青少年需要我们的指导。首先这包括，我们要与年轻人谈论道德行为，并要求他们参与所提供的教育活动；另一方面，家长和导师要允许自由空间，接受儿童和青少年走自己的路。围绕着个人自主性的斗争总是意味着离开预先给定的框架，分歧和争端是在通向获得自主性的道路上不可避免的。冲突并不是一件坏事，如果参与其中的人能够建设性地解决这些冲突，那么这些冲突便能引向个人的成长。

第三章

CHAPTER

3

自我的匮乏
与消亡

如果一个孩子没有照顾者给他自我迁移，让他可以模仿，从而为他创造一个与世界接轨的入口（见第一章），并且最终给他独立的机会（见第二章），他将不可避免地经历严重的发展危机，这一危机甚至可能影响到他的健康。社会环境中发生的各种事情影响着我们基因的活动，影响着我们身体的生物特性，并参与到我们大脑的建构之中。人类的天性是由基因构成预先设定的，这种想法已经过时了，但它仍然在一些进化论和社会生物学圈子中享有很大的知名度。在生育孩子时，基因就已经计划好了一个人将成为什么样的人，这种想法是荒谬的，且与现代基因学和神经科学的认知，也就是大家所知道的"神经可塑性"概念相矛盾。儿童和青少年如何发展，不仅取决于他们有什么样的基因以及是否得到良好的饮食照顾，而且在很大程度上取决于他们从出生的第一天起就接触的社会环境，他们周围有什么样的人，他们如何被影响，以及世界为他们提供了怎样的机会让他们成为行动者。社会影响会深刻影响人类的生物特性。除此之外，年轻人自己如何利用机会也很重要。儿童和年轻人会完全吸收他们所观察到的身边的一切。他们是通

过看和感知周围发生的事情来学习的。这一事实在神经科学中被称作"社会大脑",而在心理学中被称作"模仿学习"。❶

当我们谈论一个孩子的生活时,我们往往把注意力集中在物质条件上——如饮食、住所、日托中心、玩具、居住环境和周围的生态环境,这些重要先决条件的意义是不容置疑的。然而,人们很容易无意识地相信,孩子会直接接触其周围的物体,并由此一步一步地了解这个世界。事实上,在看到世界之前,孩子会先看到环境中的人。在生命之初,婴儿与世界决定性的第一次接触是婴儿与另一个人四目相对。在那时,还不具备反思能力的孩子接收了第一个重要的信息:他是否被认可,他是如何被认可的,以及世界,也就是"外面"是否是一个友好的地方,他在那里是否可以感觉良好。除了与照顾者眼神和身体接触形成的"双人(双向)接触"外,其他一切对初生婴儿来说并不重要。和我们的一般假设不同,婴儿和成长中的幼儿几周甚至几个月后也不会观察世界本身,而是观察他所处环

❶ 原注:阿尔伯特·班杜拉(Albert Bandura)创造了"模仿学习"这一术语。几十年前的美国,他在尚不可能使用现代神经科学技术的情况下,用巧妙的心理学研究证明,儿童和青少年通过观察来学习大部分东西。

境中的人们如何对待这个世界，人们如何处理周围的事物，以及人们如何相互交往。

人类的大脑在很大程度上是由社会环境构建的。遵循中央器官的先天需要，婴幼儿在照料者身上找寻印记，吸收它、复制储存下它，并将它变成自己的一部分。儿童交给照顾者无声的任务是：让我通过从你那里得到的共振感觉到我的存在；通过你对我的回应，知道我是谁；通过你对我的情绪的反应，了解如何享受感情和处理冲动；通过你对待其他人的方式和你让他们对待你的方式，让我知道周围的人意味着什么。教我可以如何处理构成物质世界的一切；还有最终让我看看，如何用游戏和有创造性的方式来使用提供给我的这些东西。孩子不仅会采用他在照顾者、导师或其他榜样（如在互联网上）的例子中遇到的"好"（如人道或环保的）例子，也会吸收"坏"（如不人道或破坏性）例子，并将它们融入他的自我。

获得镜像和社会共振对儿童来说是不可或缺的，属于一种基本需求，这方面没有得到满足的儿童会经历巨大的痛苦。他们显示出各种各样的发育和行为障碍，挤满了我们的儿童和青少年心理治疗诊所（诊所数量太少了❷）。我决定不在这里引入儿童和青少年精神病学案例或者成年病人的童年故事来给读者增加负担。年轻的柏林作家海伦娜·赫格曼（Helene Hegemann）在2018年夏天出版了一本令人印象深刻、引人入胜的书，名为《别墅》（*Bungalow*）。书中，她以小说人物夏丽为例，清楚地展示了一个孩子逐渐长大成年轻女子所经历了哪些内在和外在的黑暗，她的自我处于危险之中，一度几乎被"饿死"了。如果有谁想了解目前我们国家在贫困中成长的无数儿童和年轻人的经历，我会推荐他阅读这本书。海伦娜·赫格曼在这部文学作品中通过一个人物的命运描述了一个典型的世界。类似于书中的情况在文学世界之外，被每个儿科医生、精神病学家和心理治疗师所熟知。

我决定在小说和纪实作品之间做一个交叉讨论，为我的读者介绍海伦娜·赫格曼小说中的人物夏丽。

---

❷原注：儿童和青少年往往需要等待很长的时间才能在儿童和青少年心理治疗师那儿得到治疗名额。在这个领域存在明显供不应求的情况。如果儿童在日托中心和幼儿园得到质量更好的护理，如果父母会更多地照顾他们的孩子，那么这方面的需求就会减少。在照顾儿童方面越节省，以后在医疗和精神治疗费用方面的投入就会越多。

在这部小说中，我们遇到一个叫夏丽的女孩，她七岁时，父母离婚了。女孩与她的母亲一起，搬入了一间母亲有住房许可证的房屋中。在女孩的叙述中，父亲住得"离我很远"，但偶尔来拜访。"当有什么严肃问题要处理时，他就会抽身离开。"失业的母亲显然无法应对离婚，并开始严重酗酒，变得越来越不修边幅，让家破败，不再关心她的女儿，并对她的女儿一次又一次地施以暴力（打、咬、用热熨斗攻击），还躬身在阳台的护栏上，威胁要自杀。从夏丽的角度反复描述的与母亲在一起的不幸情况，让人隐约猜测到由此对女孩造成的创伤程度。女儿越来越多地将两人的生活描述成一种艰难困苦的日子，而最后只剩下"无尽的恐怖"：母亲总是喝醉了躺在公寓的某个地方、"在地板上撒尿"、吃腐烂的生肉等。父亲在难得的探访中受到母亲放荡粗鲁的辱骂。他认识到了情况的严重性，似乎提出让女儿搬到他那里去住，而女儿考虑到她那混乱不堪且屡屡自杀的母亲，显然无法接受这一提议。海伦娜·赫格曼在这里以小说人物夏丽为例所描述的，是一种经常发生在缺乏照顾的儿童身上的，被称为父母化的现象：被忽视的儿童不再受到父母的照顾，反而开始觉得自己对父母有责任，要照顾他们。这种父母与孩子之间角色分配的颠倒会导致孩子出现严重的心理问题。海伦娜·赫格曼的小说令人印象深刻地描绘了这一点。

夏丽产生了焦虑，这是所有没有得到照顾者充分保护的儿童和青少年的主要症状："我总是很害怕，害怕战争、癌症、蔑视。"夏丽"和我们所有人一样，对未来有巨大的恐惧"。她的经历让她担心所有人都可能会死去。"我的恐惧强度随着她（指母亲）精神障碍变严重而成比增加。"睡眠也受到影响："我的每一个梦都以我在面对令人毛骨悚然的危险时无法动弹，由于自己不听使唤只能完全受其摆布而告终。"通过这种方式，小说人物描述了一个受创伤的人的典型经历。赫格曼让夏丽叙述着"残忍的、深刻的绝望"，以及她"突然懂得的无望感"。在这种情况下，当事人会发展出另一个特点就是空虚感。"我经常感到无聊、不断感到饥饿。"夏丽"吃了所有东西，也没饱足感"，对"整个世界感到厌烦、毫无兴趣"。赫格曼让女孩表达出的这种空虚感，让人感到，"她就像是行尸走肉……不能忍受，只是活着……当她不再确定自己是否还活着，就割伤自己。"

在对一个被忽视了的女孩的命运描述中，我们可以清楚地看到，儿童和青少年为了能够建立自我，需要从他们的照顾者那里得到共振、信息和指令，这是多么重要。我把内化共振、信息和指令的过程，以及成功发生在儿童或青少年身上的自我元素内在重构，称为纵向自我迁移。被剥夺了这种自我迁移的儿童，他们的精神便不会变得充实，就像海伦娜·赫格曼的小说人物所说的那样，她"吃了一切，却没有（变得）充实"。不像反权威教育的逻辑所期望的那样，这样的孩子获得的不是一种自由的感觉，而是一种内心空虚的痛苦体验。现在进入夏丽的自我元素并不是慈爱的父母会指向他们的孩子的自我元素（对休闲活动、音乐和体育的建议，对努力学习的支持），而是一个正在走向毁灭的母亲的虚无自我元素。夏丽说，家中的情况虽然是灾难性的，但它"是我存在的基础，因此是我的一部分"。通过这些描述，小说清晰展现了女孩对母亲的自我元素完全内化的过程。对年轻女子的内心经历来说，其后果是致命的。海伦娜·赫格曼让第一人称叙述者说："有些东西总是让我假设我的自我毁灭是必要的，"而且"我无条件地接受了母亲为我安排的命运"。女孩梦到自己呕吐，"那些垃圾会从我身上冒出来，罐头食品和污物，还有塑料以及破碎的饮料罐，它们的边缘划伤了我的嘴唇和我的口腔以及皮肤……"在梦中，夏丽看到自己是一个"皮包骨头的、腐烂的形象，一具沼泽木乃伊"。

处在像夏丽那样的情形中的年轻人会有什么样的命运？海伦娜·赫格曼在她的小说中暗示了许多与夏丽的背景相似的年轻人实际可能走上的道路。她让夏丽说道："我的反应可以是放火烧掉几辆车，或者在某个领域变得过于张扬……或者走向极右主义。"事实上，许多类似于夏丽的，甚至在比这还要糟糕的条件下长大的年轻人已经走上了极右主义的致命道路。幸运的是，夏丽并没有采取这种做法。身处极端组织的人，最终会将仇恨积聚在他们心中，向那个没有给他们机会的世界复仇。与此不同，夏丽所经历的是"对自己的破坏性的仇恨"。但这部小说并不止步于自我憎恨。海伦娜·赫格曼的《别墅》让夏丽找到了一个有点离经叛道，但同时又有创意的解决办法。在寻找东西来满足她饥饿的自我时，青春期的夏丽遇到了一对夫妇，他们住在她家附近的别墅里。这对夫妇似乎比夏丽的父母还要年轻一点，他们成为夏丽投影的对象和渴望的目标。夏丽将这对邻居幻想成充满关怀的父母（我想象着，那个男人用额头抵着我，对我说"晚安"。那个女人和我一起去购物……）夏丽将这对夫妇中的妻子视为"自己生活的反面，像一个美好的承诺，即世界上还有别样的东西……"赫格曼让夏丽说："我爱他们两个。他们是对我影响最大的人。"这个女孩一直"渴望着他们"。她又说道："我爱他们两个。用一种我至今仍然不完全理解的无条件的方式。"

在小说中，海伦娜·赫格曼以一种令人印象深刻的方式表达出夏丽为取代她缺席的父母对导师关系所迸发的渴求感。不仅如此，女孩在自己内心建立了一种寻求影响机制（"他们是对我影响最大的人"）。赫格曼成功地表达了由这种机制造成的这对夫妇身上的吸引魔力。"我开始追随他们……就像一只天鹅爱上了一只小船。"若读者从中看到的是对束缚或不良依赖性的渴望，则是一个根本性的错误。因为不仅根据小说的逻辑（随着情节发展，夏丽甚至在面对这两个她渴求的人时也挣扎着要自由），而且根据辩证逻辑和人类自我的发展，人们只有在经历了依恋的馈赠后，才能变得"自由"和"自主"。

第四章

精神与神经生物学

CHAPTER **4**

"是精神造就了肉体。"弗里德里希·席勒❶作为作家中的翘楚，同时也是一名医生，让他笔下的华伦斯坦所说出了这番话。谨慎地来说，在今天有些人仍会认为这是一个相当大胆的、会让许多生物学家和医生不满的论断。从社会神经科学（Social Neurosciences）的角度来看，这句话绝不是全无意义的。我们在认真研究席勒的句子之前，需要对精神的概念进行一下说明。当我们说到一个行动是在某种精神中发生的，或一个见解是在某种精神中产出的，那么精神是指一种内在的态度或意图（在英语中最契合的词为"spirit"）。另外，我们所说的精神，也是指语言、语言产物和观念——这些都是人文学科的主题（在媒体世界里，我们会说到"内容"）。最后，我们还将这个词与一个人的精神状态联系在一起，同时我们或许思考着一个人是否有灵魂，即想法或智慧，或者思考着一个人

---

❶ 译注：弗里德里希·席勒（Friedrich Schiller）为18世纪著名的德语诗人、哲学家、历史学家和剧作家，德国文学史上"狂飙突进运动"的代表性人物。他于1799年创作的历史悲剧《华伦斯坦》三部曲取材于德国历史上17世纪的三十年战争，对魏玛古典主义时期文学有重要贡献。

有什么想法或感觉，他处于什么精神状态（这将接近于英语的"mind"一词）。当我在这里使用"精神"一词时，我是在以上三重定义框架中使用它。精神是人与人之间交流的产物，若仅作为自产自用的产品，那么它就没有什么意义了。如果我们把给定的精神定义作为基础，那么，席勒这句话有无意义则是由以下问题决定的：一个人的内在态度、意图、语言产物、观念、思想和感情是否能在这个人自己或另一个人身上产生生物效应。如果可以的话，席勒的话就有了一定的合理性。

精神能对生物体产生生物效应吗？只有当生命系统——从单细胞生物体到人类——能够感知和识别一个外部因素时，它们才能对该因素产生生物反应。虽然生命体从根本上完全受到物理和化学规律的制约，就像无生命的物体一样，然而，只有在生命体具有对某些因素的相应受体时这些因素才能操控自我反应，或者说生命体的生物行为。受体是生物的识别和接收系统。单细胞变形虫只有在它们的外表对营养物有一个对应的受体时，才会向水中营养物浓度较高的方向移动。人类脑细胞只有在其表面有识别葡萄糖的运输系统时（该系统发生障碍是导致痴呆的原因之一），才能从血液输送给它们的血糖中获益。人们之所以能及时主动避开危险的高温，是因为人的身体表面有神经热感受器。另一方面，根据物理和化学定律，放射性物质或短波可以对人体造成严重损害，甚至导致死亡。但只有感受器代替物，比如人类的技术测量出现后，它们才能够影响我们的行为。如果没有盖革计数器❷或短波探测器，我们就会毫无防备地进入危险区，不能及时做出反应——正如我们所知，这已经使许多人失去了生命。

　　根据一开始给出的对于精神的定义，精神也就是态度、意图、语言产物、观念、思想和情感能否引发人类的生物反应？这方面的一个决定性前提是，人类的生物系统有上述这些我们定义为精神成分的受体。事实上，人类对于精神有两个受体系统：镜像神经元系统和神经自我系统。当这两者被触及时，它们都能产生共振反应，并能诱发生物反应。前两章已经提到了这两个系统，但只是从儿童在生命最初几年的发展角度对它们做了阐述。接下来的章节将介绍它们对生活中最重要领域——教育和学校、伴侣关系、友谊、工作、医学和护理，以及对社会共存和政治的意义。近两百年中，我们没有把精神纳入生命

---

❷译注：盖革计数器为一种测量电离辐射（α粒子、β粒子、γ射线和X射线）强度的计数仪器。

科学的范畴，使它成为自然科学中"没有公民权的移民"。现在，我们不得不把它带回来，并小心翼翼地——在不打开形而上学之门的情况下——把它整合起来。这一要求并不意味着神经科学可以荒谬而狂妄地夺走人文科学的创造工具。正如尤尔根·哈贝马斯（Jürgen Habermas）所说，人类的精神和身体是"相交织的"❸，其中哪一个都不能被简化，也不能被解释为另一个。

镜像神经元系统和神经自我系统是如何运作来使内心的态度、意图、语言产物、观念、思想和情感在自己的身体或另一个人的身体中产生可检验的生物效应呢？这两个系统是人类基本生理配置的一部分（自闭症患者的镜像神经元系统是受损的）。然而，通过这两个系统所实现的交流需要一个在生物学上功能完整的机体，特别需要运作良好的感官系统和大脑。精神的交流需要生理上的参与者。虽然所交流的内容不是物质性的，但它们也一同"搭乘"在其生物载体上。有一个例子可以说明这一点：我们观察到，两个因冲突而剧烈争吵的人，他们

❸原注："相交织"一词来自尤尔根·哈贝马斯在接受京都奖（一个诺贝尔奖级别的哲学奖）时的讲话。我在《自我控制》一书中详细探讨了这篇演讲中关于精神与物质之间联系的精彩观点。

的应激系统包括参与其中的基因，都被大量激活。当他们发现一切是因为一个误会，于是和解后，应激系统包及基因的活跃度可以在生物学上明显测量到下降。对话所产生的生物效应不是基于从一个人的声带传到另一个人耳朵中的声波，也不是基于从一个人的身体传到另一个人眼睛里的光子。因为，在对话的声量和在场的对话双方并无改变的情况下，充满敌意的谈话就能进一步激活对话双方的应激系统。不是物理、化学或生物化学效应改变了双方的生理状况，而是信息，也就是传达的意思，即精神改变了生理状况。为了从一个人传递到另一个人，信息需要它可以"搭乘"的物理、化学和生物"载体"。仔细观察，这些载体是什么样子的？

自我系统在生物学上是当人们思考他们是谁以及什么构成了他们的个人存在时，就会一直变得活跃的神经细胞网络。自我系统储存了所有关于我们做自己时的感受和我们认为自己是谁的基本信息。为了形象并且"客观地"展现自我系统，测试人被要求进入功能性磁共振扫描仪中，在完全"安静"即不必在别人面前表现出良好形象的环境中被测验，以文字形式在屏幕上一个接一个向他们展示一些信息，让他们判断是否符合自己。这种对自己的思考被称为自我心智化。如果一个人思考另一个人的特点、动机或内心状态，这将意味着他在对另一个人进行心智化。测试人躺在核磁共振扫描仪中思考自己的个人特征时，人们可以测量到当时处于活跃中的脑区域。如果从被测量的活动模式中排除那些测试人不考虑自己时可被测量的活动，那么应该还剩下一些东西。这个"东西"被称为自我网络。如前所述，它们的总部在额叶的下层、靠近中线的眼窝上方处。在这个被神经学家称为腹内侧前额叶（vmPFC）的区域内，存在着所谓的最小自我的神经关联。这个概念指的是当下对自我的感觉。在大脑的后部，也就是在靠近中线的两侧，有第二个自我网络，其中存储了关于自我生平的信息。它的解剖学位置在后扣带皮层（PCC）。在神经自我系统中还包括第三个网络。它位于大脑外表面的两侧，即颞顶交界处（TPJ）的位置向外延伸至耳朵上方。这第三个自我组成部分的特殊意义在于区分自我和非自我的能力。

通过自我网络的例子可以证明从一个人指向另一个人的语言信息，即精神，是如何遵循着上面所勾勒出的景象，"搭乘"着神经生物学结构来引起谈话对象的生物学变化的。神经科学家利亚·萨默维尔（Leah Somerville）与她的同事就此进行了一项实验。众所周知，人们会关心别人对自己的看法，尤其当那些人对他们很重要时。萨默维尔想知道当一个人听到他的朋友在议论自己时，他的自我系统是否会表现出生物反应，即改变物质基质的反应。萨默维尔让测试者说出一些他们好朋友的名字，并得到允许与这些人单独交谈，而不告诉测试者谈话内容。然后，测试者被要求进入核磁共振扫描仪中，在测量他们的自我系统活动时，让他们通过对讲机得到以下信息：有人采访了他们提到的朋友并询问了其朋友对相关测试者的意见。躺在扫描仪中的测试者，一半被告知他们的朋友对他们做出了令人惊讶的负面评论，另一半被告知，采访人只听到了关于测试者的正面信息。这两个信息都导致测试者们的额叶下层自我系统发生了大规模的生物反应。在说话的方式和音量方面，负面和正面信息并无语音上的不同。但是根据不同的信息类型，生物反应的波动有截然相反的方向。因此，不是随着听到的话语而输入的音波，而完全是非物质的内容，即信息的内容引发了特定的生物效应，也就是共振反应。

在相互关联的人们的自我系统之间存在着令人印象深刻、有时几乎是神奇的❹关系，尤其是当人们感到特别亲近、相互

---

❹原注：我所说的"几乎是神奇的"并不意味着魔法。

依恋或相似时，但我们只感知和意识到它们的一部分。共振式互动可以涉及自我元素的一部分从一个人迁移到另一个人身上（遵循着我们已经熟悉的婴儿和照顾者之间的模式，见第一章）。人们可以观察到各种形式的横向自我迁移：一个人的自我偶尔会表现出自愿同化甚至与另一个人的自我融合的倾向。各种认同现象就是这方面的典型例子，比如，希望自己像某个人一样。我们可以把这种类型的过程描述为一种心理学上的"拉拽"现象（to pull）：对方的自我被拉到自己身上。而相反地，一个人的自我可以向另一个人的自我进行心理渗透。例如，心里渗透会发生在一个专横的人和一个在心理上或身体上比他弱的人的关系中，尤其在有创伤的情况下。这时，一种心理上的"推动"现象（to push）将起到作用。糟糕的是，入侵的他者自我会不明地接管它所入侵的自我的控制权，例如，引发自我伤害行为（见第十一章）。横向的自我迁移也可以同时对等地、融洽地在两个人之间进行，比如，在爱情中，特别是当爱意正浓时。这可以对双方的生理产生影响，在一些情侣身上，特别是在性行为中表现出脉搏、呼吸和高潮的时间是同步的。一些精神分析学家早就观察并描述了自我和他者自我相互影响的不同方式。❺但自从不久前，自我和他者自我之间的密切联系被神经科学所证明，人们才理性地解释和明白了这一点。

一项突破性的神经科学观察表明，自我和他人之间的密切交互关系既不是心理学或哲学上的想象，也不是魔法或幽灵——储存我们关于自我想象的神经网络与储存我们对其他人想象的网络有一部分是相同的。特别是当这个人与我们关系密切，或者我们觉得自己与他相似时，双方的认同就会尤其强烈。"我"和"你"之间有一片共同神经元地带，这两者在神经上是高度耦合的，这将我们这个物种与其他所有生物区分开来。"我"和"你"之间的神经网络重合意味着，当人们思考他人、试图解读他人的行为时，总是先代入对自己的认知。反之，当我们试图了解自己时，我们总是会使用别人对自己的想法——因为我们也在自己身上储存了一些这样的想法。对我们来说，我们亲近的人解释我们行为的方式可以作为一种模式或警示。倾向于个人主义的西方国家的人们非常重视彼此之间的不同。自己的独特性意义重大，这一点不应受到批评。然而，

---

❺原注：参见昆多的《心理分析》和泰辛的《边界的功能》。

在来之不易的个性的表面下，每个人都有一个更深层次的共同身份。在我们的自我内部，总是有一部分属于"你"或"我们"。"我""你"和"我们"之间的重合程度在不同文化背景的人中是不同的，这在我们以广泛移民为特征的世界里，具有相当重要的意义。第十二章将对这些部分进行更详细的思考和分析。

正如我们所看到的，"我"和"你"之间的神经元重合和由此建立的紧密耦合具有深远的意义。本章开始研究的问题是：精神即内在的态度、意图、语言产物、想法、思想和感觉，是否以及在多大程度上能发挥生物效应。从神经生物学和医学的角度来看，一个人的自我状态在他自己的身体里是有生物效应的，这是一个既定的事实。额叶的自我系统与所有相关的下级神经元开关点相连。这些神经元开关又反过来控制着焦虑和应激系统、免疫系统、循环系统以及自主神经系统。❻这就是一个人的心理状态、内心态度或期望会对身体疾病有重大影响的原因。正如研究表明，当病人对自身和自己的自愈能力有信心时，医疗干预后的恢复就要快得多。一个人被持续焦虑

---

❻原注：参见《身体的记忆》。

和压力所困扰时许多器官会发生器质性变化，特别是在所有血管中悄然发展的慢性炎症，这会导致高血压、冠心病、中风和过早死亡。❼

　　精神对自体生理毫无疑问有自上而下的影响。然而，更令人兴奋的是前面提出的那个问题，即一个人的自我状态，也就是他的精神——是否以及在何种程度上能对他人产生生物效应。在我们的自我系统中有代表着身边重要的人的神经元，这意味着他们在我们身上有类似神经元"分支"的东西。因此，对我们来说重要的人的自我状态发生变化也会引发我们自己的自我系统共振。同样地，我们的态度、行为方式和感受也会对身边的人产生影响，因为在他们体内也有一个代表着我们的神经元分支。这与一系列科学研究证实的观察相吻合，被满足或快乐的同伴包围的人，自己会在更高程度上感到生活满足和快乐。精神是会"传染的"。然而，另一个人的自我状态变化不仅可以导致我们的自我发生同样的变化，也可以导致相反的变化。例如，如果我在主观上相信，一个我周围的人生活得幸福

---

❼原注：对此可参见塔瓦科尔及其同事的研究《杏仁核活动休眠与心血管问题之间的关系》。

是由于获得了不正当的好处，那么虽然他身上传递出幸福感，但在我沾染到的那一刻，就变味了，反而会唤起我心中的敌对情绪。

另一个人的自我状态真的能影响我们的生理系统吗？一项对1900多对生活在稳定关系中的伴侣的研究仔细记录了伴侣双方的生活满意度和健康状况，其结果显示，如果伴侣本身是快乐和满意的，不仅能让主观体验的幸福程度和生活满意度更高，那些拥有幸福伴侣的人的客观健康状况也明显好于那些有情感负担的伴侣的人。❽一个不起到唯一决定性但很重要的因素似乎是，有幸福伴侣的人能更好地照顾自己，生活得更健康。另一项针对3700多对伴侣进行的独立研究表明，希望更健康生活的精神———一种锚定在自我系统中的内在态度可以有多大的感染力：当伴侣中的一方具体改善他们的健康行为时，另一方也会如此行动。❾

自我系统并不是唯一能够使人们交流内心态度、意图、语言产物、想法、思想和感情，产生生物效应的系统。第二个系

---

❽原注：乔皮克和奥布莱恩的《你开心，我健康？》。
❾原注：杰克森及其同事的研究《伴侣的行为对健康行为的影响》。

统是前面提到过的镜像神经元系统。两个系统之间有所分工：自我系统专门负责发送和接收以认知为主的精神内容，它的重点是思想和观点、理论和价值系统、动机、个人身份特征和文化上固定观念的产生和交流。这些内容在人与人之间主要通过语言符号来交换。与此相对应地，镜像神经元系统专门负责传输和接收感情以及行动意图、行动和伴随它们的身体感觉，它的信息主要是通过身体语言，即通过目光、面部表情、身体姿势和运动方式、声音和说话的音调以及语气来传递给其他人。在自我系统中，我们主要是有意识地在思考，与此相对，镜像系统帮助人们获得直觉。直觉的镜像共振使母亲或父亲感觉到孩子的情绪低落或闪烁其词。在伴侣们晚上相见时，他们是通过什么迹象看出对方一定经历了什么好事，或者有什么问题？为什么老板会隐约感觉到员工给她的信息可能不真实？为什么医生会感觉到病人在说出一些不适后，可能仍在隐瞒一些重要的事情（例如，他有什么难言之隐）？如果没有以身体语言符号通过共振传递给我们的关于意图和意向的直觉信息，我们会在人流密集的人行区不断与人相撞。直觉在团队运动中也具有决定性的意义：只有它才能让一个一定程度上训练得不错的足球队员知道持球的队友会在下一刻把球传到哪里去。在所有这些情况以及无数的日常情况中，人们主要是无意识地运用身体语言发出的镜像共振来互相传递信息。

镜像神经元不是魔法细胞，而是根据神经生物学规则在运作。它们的对象可以用身体表达或可从身体上读取的信息。镜像神经元将信息从一个人传递给另一个人，在这个过程中，它在接收者身上引发共振，共振是信息发送者身上发生的事的镜像。让我们举一个简单的例子：一个人观察另一个人的行动；一个学吉他的学生观察着她老师的左手在指板上的握法。直到几年前，专家还认为在这种情况下，学生的大脑只进行了视觉上的感知和映射动作。事实上，发生的事情要多得多：根据过往教科书的观点，只有当学生自己使用观察到的指法时，大脑神经元才会活跃起来——然而在现实中，仅在她观察的那一刻，这些神经元就开始活跃起来。她控制动作的神经元进入共振状态，它们模拟了所观察到的动作。❿此外根据传统观点，只有当学生感觉到吉他弦切入自己的指尖时才应该变得活跃的大脑神经元，也活跃了起来。当她观察她的老师时，学生的大

---

❿原注：任何曾经进入过飞行模拟器的人或戴过虚拟现实眼镜的人都知道模拟的力量。飞行模拟器让我们感受到飞行员的感受，包括翻跟头甚至呕吐。

脑会"反射"观察到的老师的动作。这种情况要归功于镜像神经元，也叫镜像神经细胞。当两个人相遇时，有两件事同时发生：只要其中一个人把自己的感官指向对方，而不是指向智能手机或电脑屏幕，无论双方是否愿意，他们都会发出身体语言信号，同时两个人都有可能"读懂"对方的身体语言。

为什么自然界会产生这种机制？在镜像神经元被发现之前，人们并不清楚为什么观察别人的动作后，自己就能更好地完成该动作。现在人们知道了，当我们看到别人的行为时，我们的大脑会"秘密地、无声地"模拟所观察到的动作，也可以说就是把所观察到的事件作为副本在内部运行，这个答案也就不再是一个谜：镜像神经元是模仿学习的神经元基础。它是神经生物学上共振系统的一部分。通过该系统传输的信息具有非物质性的特征——通过观察一只单独的手和置于一旁的吉他琴所获得的等效光子输入不会激活学吉他的学生的任何镜像神经元，也不会使其学会弹琴。所传输的信息，比如，这个例子中关于手在指板上位置的信息，"搭乘"着参与其中，并由此被激活而同时发生生理变化的生物系统。

行为不是我们可用身体完成的唯一事件，我们通过"阅读"身体语言来解码、破译和用共振回应的也不仅于此。几年

前，加拿大神经外科医生威廉·哈钦森（Wiilliam Hutchison）
做了一个惊人的实验：他将细小的电探针放在了一位病人用于
感知疼痛的脑区域神经细胞上。在得到病人和相关伦理委员会
的明确许可后，他用针刺病人的指尖，病人大脑的疼痛神经细
胞每一次都会做出反应。这个过程结束后，哈钦森让他的病
人看着他——他将针刺入自己的指尖。令哈钦森非常惊讶的
是，每次他刺伤自己时，病人大脑中同样的神经细胞会产生电
脉冲，如同病人自己被刺时一般。[11]在病人观察到医生指尖被
刺痛时，他的疼痛神经细胞也进入了共振状态。它们已经发生
了生物反应，并在主体身上引发了疼痛感——这是对疼痛体验
的一次模拟。单独观察一个针头和放在一旁的手并不会对观察
者的痛觉系统产生影响。观察到的信息内容——刺伤自己的医
生——作为特殊信息进入观察者大脑，而其本身并不具有物理

---

[11]原注：当哈钦森第一次惊讶地意识到，当他对自己施加痛苦时，他病人的神经
元也会有反应，哈钦森自发地喊道："这是一个镜像神经元！"（这是威廉·哈
钦森亲口说的）。出于难以理解的原因，一些研究者拒绝将由贾科莫·里佐拉蒂
（Giacomo Rizzolatti）命名为"边缘镜像神经元系统"的部分视为镜像神经元系
统的一部分。

性质，❶但它在生物学上改变了病人的大脑。观察引发疼痛的过程的信息是"骑手"，参与其中的身体和神经生物系统是被"骑手"骑乘并激活的载体。问题又来了：进化为何产生了这种机制？威廉·哈钦森所发现的机制是同理心，即感他人所感之能力的神经生物学基础。

镜像神经元总是在人与人的交往中发挥作用。❸它们是情绪感染现象的来由。好心情会感染人，坏心情也一样。即使没有客观的危险情况，看到别人恐慌的人，其焦虑系统也会被激活而容易感到害怕。人在观察别人闻到气味浓烈的液体而感到剧烈恶心时，其大脑中的厌恶中心被共同激活并一同体验到恶心感，而且不仅是情绪可以引发共振，如果人看到对面的人放大的瞳孔，他自己也会表现出连带反应，即使这反应很轻微。看到别人受冻的人会有体表温度轻微降低的反应。众所周知，看到别人打哈欠时，人很难忍住自己不打哈欠。母亲如果

---

❶原注：当然，这个观察过程意味着光子从被观察的物体（即被刺伤的手）到观察者眼中的视网膜，从那里到视觉皮层，再到达颞叶的解码系统。相当的光子流也会通过分开观察针和手时产生而不激活观察者大脑中的痛觉系统。因此，虽然这种特殊的信息确具有非物质的特点，但它却能引发可测量的生物反应。

❸原注：参见《为什么我感受到了你的感觉》。

看到自己的孩子正处于压力中，她自己的应激系统也会激活。镜像效应所遵循的神经生物学路径始于动作发出者大脑中特定神经元的活动，并通过这些神经元活动所唤起的身体语言符号而延续。一个人所经历的情绪状态不仅伴随着相应神经元系统的激活，而且还伴有身体语言符号——眼神、面部表情、声调、皮肤外观的变化、姿势和动作。这些符号被接收者通过五官感知、解码或者说"阅读"⓮，然后在接收者身上唤起镜像神经元系统的活动。即使身体语言符号非常隐蔽，它们也能对对面的人产生影响，就算人竭力隐藏，也会被训练有素的人"读懂"。阅读身体语言可以通过经验和实践得到优化。自闭症患者无法"阅读"他人的身体语言。与他人打交道多的人——护理人员、社会工作者、服务人员、医生、保育员、教师、律师、法官、父母和祖父母或许特别善于解读身体语言。

一方面，镜像神经元系统使一个人进入共振，即在自己身上感知到另一个人的感受，并将理解对方变为可能；另一方面，它能使人通过发出的身体语言符号激活同伴的共振系

⓮原注："阅读"也就是解码身体语言符号的过程发生在专门的神经细胞网络中，即颞叶的内部和下方（所谓的顶叶皮层）。

统。这就是我们所说的"存在感"或"辐射"。如果镜像系统没有功能障碍，这两种情况都是先天反射的，即不需要思考就会毫不费力地发生。能够感受到别人的感受的唯一前提是，我把我的感官指向我周围的人，并进入情感共振。强辐射的前提是，我要真诚地表现、不拘束，让我的身体语言说话，但最重要的是，我不要让别人感到害怕。那些传播恐惧的人麻痹了同伴进入积极共振的能力，就只能收获到恐惧和防御反应。如前所述，镜像神经元系统传达的是直觉感知，而自我系统中主要是有意识的思考在发挥重要作用。这两者相比，镜像和共振过程在人们开始思考之前就已经发生了。在生活中，这两点都很重要：一方面，我们感知到自己的直觉；但另一方面，我们批判、观察、思考它们。其他人的身体语言在大多数情况下是我们直觉的来源，它们可能是正确的，也可能欺骗或操控我们。这两个领域，即自我系统和镜像系统，都需要前面提到的批判性的、引导理性的自我观察者的陪伴。

尽管镜像神经元系统的存在已经在研究中得到了科学的证明，但直到今天，在一些科学同行、精神病学家以及一些记者看来，它还是很可疑。这种情况的原因目前尚不清楚。它让人联想到马克斯·普朗克（Max Planck）在发现量子力学后

的几年内所遇到的质疑。民族学家乔治·德佛罗斯（Georges
Devereux）指出了有可能造成这种不信任的一个有趣的原因：
研究人类行为的科学家如果过于接近他们所研究的对象，并与
他们的研究对象产生某种共振，就会感到害怕。德佛罗斯本
人，在民族学方面工作的立场是，研究人员应将其对应方引发
的共振作为调查和获取知识的工具。他批评说，在今天的行为
科学中，相反的发展占了上风：当科学家们感到有被卷入研究
对象的"危险"时，他们为了逃避这种危险，越来越强烈地发
展出一种倾向，把量化测量程序作为他们自己和研究对象之
间保持距离的工具，以此来进行防御。如果我是一个民族学
家，并担心与来自另一种文化的人交谈会让外国的思维方式影
响到我，那么我可以通过例如测量他们的头骨和身体尺寸，并
分析他们的手工艺制作来绕过这个问题。如果一个精神科医生
害怕与精神分裂症患者进行有移情效果的交谈，他可以只用问
卷调查来工作。这两种方法都很有价值，都是不可或缺的。一
方面，多接近对象是特殊规律研究或质化研究的方法；另一方
面，保持距离是一般规律研究或量化研究的方法。这两者能相
互弥补缺陷。人与人之间的亲近感、移情和情感共振让很多人
感到害怕。许多科学家在面对他们不熟悉的情感共振现象时是

束手无策的。他们的情况类似于人们向色盲的人解释色彩的世界。镜像神经元构成了情感共振的神经基础。对情感共振的恐惧是使镜像神经元系统在一些人看来很可疑的原因吗?

第五章

CHAPTER

5

自我、身体和性

在情欲中身体可以不加掩饰地展示自己。然而，决定是否要这样做的并不只有身体本身，还需要被自我接受。起决定作用的自我可以相信，这个身体是不应该被人渴求的，或者应该要拒绝身体接触（例如，认为身体是不雅的东西或某种肮脏的东西），或者认为自己的自我是坏的——无关身体——不应该被人渴求。如果自我以这样或那样的方式横加阻拦，那么即使这具身体如同阿多尼斯❶一般，情欲的欢愉也不会到来。如果自我不配合，即使是久经锻炼的健美身体也不会在床上给主人带来快乐。不仅身体，自我也可以在情欲中不加掩饰地展示自己。处于情欲状态的自我往往并不在乎自己的身体或者对方的身体是否符合流行的审美。当自我觉得要展示自己并摆脱了束缚时，就算身体并不符合某些标准，也不会对自我造成丝毫困扰。在这种情况下，即使是一个并不美好的身体形态，也会让他的主人在床上体验到很好的快感。

---

❶ 译注：阿多尼斯是古希腊神话中的神，掌管植物死而复生。他非常俊美，因此在现代语境中也被用来形容貌美有吸引力的年轻男子。

从19世纪下半叶开始的一百多年中，身体在总体上被当作自下而上由生物基础所控制的"机器"，特别是性行为被认为仅仅是由生物机制所控制的。从孟德尔和达尔文开始，生物学进步巨大，到后来细胞生物学、分子生物学和遗传密码的破译又带来生物学上的认知发展，鉴于这种情况，上述生物学上的偏见也是情有可原的。不可否认的是身体构造、新陈代谢的基本模式和性别（在"生理性别"，而不是"社会性别"的意义上❷）是由遗传因素决定的。然而，当时的人们认为除此以外的一切，包括身体素质、性格和行为，也是由基因所决定的。这似乎提供了一个美丽简单的模型：基因控制着新陈代谢，而后者反过来又决定了身体如何发展和将表现出什么样的行为。两个科学工作组在本世纪初提出人类遗传物质（所谓的基因组）的完整测序，这种模型的支持者似乎得到了完美的支持。一些科学同行当时发表的乐观言论（"生命之锁"已经被破解，克服各种疾病现在只是时间问题，等等）让他们在几

---

❷原注："生理性别"（英语为"Sex"）一词是根据人的生物性别特征（男性、女性、各种形式的间性）来区分人。术语"社会性别"（英语为"Gender"）指的是社会分配的或社会上的性别角色。

年后感到羞愧【这不是无端的批评，当时的先驱者之一克雷格·文特尔（Craig Venter）也有类似言论】。在20世纪80年代末其实就有人对上述观点提出了相反的意见：基因不仅会控制，也能被控制，不仅受环境质量和营养的影响，还受生命体在环境中的经历以及生命体行为方式的影响。在具有社会化生活的动物中，特别是在人类中，已经证明社会经验不断被大脑评估，转化为生物反应，并对我们自己的身体产生深刻的影响——甚至是激活或灭活基因。❸因此，只要我们活着，我们的身体就在社会经验的影响下持续不断地变化。

就人类而言，神经生物学上发送和接收社会经验和信息的地方主要是位于额叶的自我系统。它与下游的神经生物中心相连接，而这些中心又对整个身体产生影响，并调节众多的身体功能（包括基因活动），所以自我系统是我们从社会环境中接收到指令、信息以及经验并与我们身体汇合的重要场所。认为人体是一个由基因单向自下而上控制的机器是一种彻头彻尾的怪诞想法。人类是不会作为一个生物机器人在进化过程中存活下来的。人类令人难以置信的适应能力是基于其生物基础的适

---

❸原注：参见《身体的记忆》。

应能力，以及自我对生理基础自上而下进行控制的可能性。人类的性行为也并不像人们经常描述的那样是一个完全自下而上、由遗传基因和激素所控制的活动。这一点可以通过一些在性生活中起着重要作用的激素作为例子来说明。比如男性的性激素——睾酮的产生绝不是一个仅仅由基因决定的过程，更多的是由自我系统所感知或控制的各种社会互动来调节的。如果人们让男孩玩几分钟玩具枪，男孩身上的睾酮水平会增加。去足球场观看比赛的男人们也一样，如果他们支持的球队输了，他们的睾酮水平会急剧下降；而获胜球队的支持者的睾酮会显著上升。女性体内的性激素也会对自我系统在社会中遇到的情况做出敏锐的反应。例如，压力可以导致女性生理周期的严重紊乱，甚至导致暂时性不孕。催产素是最直接和性相关的激素（在性高潮时，它将达到峰值），它也对社会或心理影响有着敏感的反应。友善或温柔的体验会大量增加其分泌。冷漠与暴力会长期（有时长达数年）严重损害生命体面对爱抚时增加分泌催产素的能力。我们的身体是一个整体，在性行为的生理层面上，自我系统形成了一个从上到下大量散发生物影响的交汇点。

生物基因预先决定了一个人性生活体验的类似想法已经过

时了。人类在基本生理特征和性别（在"生理性别"，而不是"社会性别"的意义上）之外的发展，并不预先受到基因的控制。哪些因素决定了性取向还没有得到完全的解答，但它并不是由性别本身决定的。自我系统对一个人的性生活方式起着决定性的作用。如同其他自我元素一样，一个人面对性的感受、态度和内心状况是早期童年经历的产物。它是重要的，但不是唯一的决定性因素，因为在生命中，许多其他的深刻经验会加入其中，并覆盖早期的印象。婴儿、儿童和青少年的身体在其照顾者身上引发共振，表现为情绪（赞赏、失望、蔑视）、评论、行为方式等，并作为信息返回给婴儿、儿童或青少年。特别是照顾者帮助其处理身体卫生和其他日常对待其身体和性器官的方式方法会被孩子敏锐地感知到。儿童和青少年在他们的身体上得到的共振像其他所有重要的社会经验一样，被内化并整合为自我的要素。重要照顾者内在隐含的沟通态度可以说在"字里行间"转化为孩童的自我对自己身体的感觉和想法。由此，接受、充满爱意、温柔地对待孩子将在孩子身上形成他对自己身体的相应态度。同样，照顾者对儿童身体表现出的不安、防御或厌恶，更容易导致孩子对自己的身体和性产生畏缩和充满羞耻感。照顾者对儿童身体的接受和爱护并不意味着对儿童的性行为或性刺激（这引发孩子严重的障碍），而是要尊重孩子的身体，小心地对待它，让孩子的性兴奋状态（例如小男孩阴茎的勃起）保持自然，不进行贬低或惩罚。皮肤和身体接触起着特别重要的作用：照顾者对孩子最重要的共振方式之一就是和孩子有大量的皮肤接触，还要允许孩子与自己亲热，充满爱地去拥抱孩子和被孩子搂住。身体不被喜爱的儿童和青少年，后来可能会不喜欢自己、自己的身体和性。

儿童的自我不仅会吸纳自身身体被对待的方式，成人——特别是父母——对待他们自己的身体和性的方式也会被孩子内化。这主要是一种模仿学习，儿童和青少年也倾向于在这个方面模仿他们看到的东西，并最终让它成为自我的一部分。儿童和青少年通常会复制他们在父母或其他照顾者身上看到的两性之间的有爱或无情、尊重或专横的交往方式。而儿童和青少年在互联网上所看到的涉及使用暴力的令人感到恐惧、蔑视或强烈厌恶的成人之间的身体或性互动，可导致儿童或青少年严重的性功能障碍，或导致拒绝和阻碍性生活的反应。对儿童实施的性虐待或性暴力也可能导致同样的后果。

对幸福的性生活起决定作用的不是身体特征或某种激素的数值，而是立足于自我中对自己的身体及其性潜能的感觉和内在态度。我们在性伴侣身上所引发的并以认可和充满喜悦的方式返回给我们的共振让我们与对方的接触成为令人满意和愉悦的体验。反之也如此，性伴侣在我们身上触发了共振，我们通过身体语言和言语回传给对方。当一次邂逅以这种方式成功时，身体也会跟着改变，并将为体验共同的快乐提供条件。

　　性接触始终是一场冒险。毕竟我们事先不知道我们将给对方留下怎样的印象，因此我们在爱情关系或性接触开始时总是会经历一种自然的羞耻感。人无法事先知道爱情是否会发生以及如何发展。爱不仅会带来幸福，也可能带来失望。它包含了被拒绝和分离的体验。这两者都是让人痛苦的，❹并会大大增加每个人身上存在的自然羞耻感。在这种情况下，一个人可以发现，当自己的身体对另一个人没有吸引力或性欲不能得到满足时，自我并没有消亡。自我应该有自主性，它应该能够享受性爱，但没有性爱它也不会消失。

---

❹原注：事实上，当人在社交中被拒绝时，神经生理上的痛觉系统会做出反应。

第六章

个性与自我认同

6

CHAPTER

　　人如何找到自由和尊严、个性和身份认同？事实上，我们可以离开自身出生背景的框架要归功于文艺复兴、宗教改革和启蒙运动。佛罗伦萨哲学家乔瓦尼·皮科·德拉·米兰多拉（Giovanni Pico della Mirandola）说，人"并无固定形式"，有选择如何实现自我的权利和尊严。这在15世纪末是一种挑衅并让权势强大的天主教会对米兰多拉相当不满。被允许个性化发展的宝贵自由是欧洲文化的结晶。它的早期历史可以追溯到古典时期的雅典。自由并不是被放在盘子里呈给新时代的人的，而是三个地方思潮发展的结果——文艺复兴的摇篮是佛罗伦萨、伏尔泰等人在巴黎讲学；伊曼努尔·康德在哥尼斯堡为人类指明了摆脱自作自受的不成熟的道路；❶卡尔·马克思让他同时代的人意识到保障人类的自由和尊严是以一定的社会经

❶译注：文艺复兴是14至16世纪发源于意大利佛罗伦萨、威尼斯等城市的文化运动，后逐渐传播到欧洲各地。17至18世纪，启蒙运动是继文艺复兴之后，在欧洲大地上发生的又一次思想解放运动。其核心思想是"理性崇拜"，宣传了自由、民主和平等的思想。伏尔泰（Voltaire）是法国启蒙时代思想家。伊曼努尔·康德（Immanuel Kant）为启蒙时代著名德国哲学家。

济基础为前提的。直到今天，这对我们所有人仍然是极其重要的认知。而束缚自由的新发展，即对有限资源的肆意消费、消费主义和对物质和非物质成瘾的倾向，表明我们现在必须更加注重自我控制。人类现在已经意识到，自由也有生态基础。我们从世界各地独裁政权的崛起中得出一个启示，那就是人类抗争而得的自由也可能再次丧失。

　　大多数现代人被赋予了选择和遵循他们自己生活道路的机会，这是一个宝贵的，且从历史上看仍然是较为崭新的成就。正如我在前几章中试图解释的那样，就个体而言，人类自我的发现史并不是随着我们可以自己挑选或发明东西开始的。自我的基础是孩子受到的影响、信息和他所遇到的事。婴儿接收到的共振中隐含着信息，这些信息告诉他的身体和慢慢形成的自我，他在和谁说话，他被看作什么，以及他所处世界是什么样的。婴儿的身体和它的遗传基因并不能为其发展中的自我和世界观提供知识。婴儿的身体更像是一个容器，接收向它发出的信息，并由此发生变化。这个容器，特别是大脑，因此具有可塑性。除了隐性信息的内化，从生命的第二年开始，伴随着语言理解能力，孩子开始接收明确的指令。两者构成了自我的核心。人类自我不只是所遇到的事、被赋予的东西的结果；它的另一面是其生命力、行动能力以及创造性。在子宫里，孩子不仅是一个被动的接收者，他会做出反应并且有所动作。出生后，婴儿会表达其丰富的生命感觉，从快乐或喜悦到厌恶或痛苦。他体会着自己的身体，在这一点上，他已经是一个行动者。只是此时自我还没有出现，它仍然隐藏在儿童的身体感觉中。随着后天额叶的生理成熟，对自我的第一印象才会被存储下来。这些都来自婴儿从照顾者那里得到的隐含或明确的关于自己、照顾者和世界的信息——由此而形成了一个闭环。

尽管我在前面的章节中已经强调过人类自我的接纳能力，但它的特点并不局限于此。它也会发展，从童年开始就成为一个充满活力的行动者。在自我尚未在孩子的基本结构中建立起来时，它就已经开始评估感受和所闻所得，它接近世界、发展爱好、测试可能性、做出选择和拒绝。然而自我不能重新创造自己和世界，它的行动无一例外地基于它自身携带着的和在环境中存在的东西。让人类可能成为有创造性的行动者总是以提供、给予他们的东西以及在很大程度上对他们提出的要求为前提。如果重要照顾者的自我元素没有被转移到自己的内在自我中，那么后者就缺少了起点和对象来让自己有创造性去扩展或建构某些东西，以不同的方式做某些事情，走出安全区或以对

立的视角看问题。只有在提供给我们的东西，禁止或要求我们
做的事的基础上，❷我们才能成为行动者。第三章中介绍的海
伦娜·赫格曼小说中的人物，其悲惨遭遇表明了缺失这些先决
条件后的情况。只有当我们熟悉了去行动和去创造、感知和评
价、社会共同生活和享受的模范时，我们才能将自己的构想与
之对照。自我作为被内化的元素之组合与作为行为者之间存
在着辩证关系。只有一生中大量接收他人自我元素的纵向和
横向迁移，一个人创造力的巨大空间才会出现。约翰·塞巴
斯蒂安·巴赫（Johann Sebastian Bach）、沃尔夫冈·阿马德乌
斯·莫扎特（Wolfgang Amadeus Mozart）以及吉顿·克雷默
（Gidon Kremer）❸——我从许多可能的例子中挑中了克雷默，
因为他本人对自己的童年做了深刻的描述——他们三人的人生
道路就说明了这一点。他们都经历了高强度的音乐教育，在这
过程中，他们不仅得到了很多馈赠，也受到很多要求。纵向和

---

❷原注：发生在生命最初几年中的自我迁移并不是主要在有意识的甚至在计划的
框架内进行的。相反，它们是具有隐性特征的评判和行为体系隐性传递和转达
的。顺带一提，这些体系构成了所谓一个国家的文化的重要组成部分。
❸原注：参见吉顿·克雷默的《童年碎片》。感谢我的同事埃贡·法比安教授
（Egon Fabian）告知我此书作为宝贵的参考资料。

横向迁移不仅使音乐成为他们的一部分，而且让他们习惯于对自己有要求。不仅如此，这三位天才很幸运地在早年就开始基于自身的经历以独特的方式发展自我。巴赫和莫扎特后来造福了几代作曲家和音乐家，为后人的创作奠定了基础。

人类的自我就像呼吸一样——它处于不断变化的状态，一方面是接受和内化的模式（吸气），另一方面是生产力、释放、排除或拒绝的模式（呼气）。以下的内容都会被不断内化和再释放：隐含和明确的感知及阐释风格、观念、态度、行动和反应方式、对待性的态度、行动和发展的目的、绩效标准、对未来的期望、偏好、厌恶和道德态度。

人们不知道的是，自我元素的纵向和横向交换不仅常见，而且是最古老的进化原则之一。在地球历史的早期阶段，生命只限于在原始海洋中游泳的单细胞生物。它们由可被吸收和释放的基因物质组成。当时在单细胞生物之间进行的基因片段交换被称为"水平基因转移"。当时存在于原始海洋中的生命是一个基因跳蚤市场。进化似乎是为了尝试组合出适合在一起的东西。只有在地球历史的后期，当生物开始保护自己的同一性并发展免疫系统时，这种活跃的"市场活动"才受到了限制。

与免疫系统类似，自我系统也发展了一些工具来捍卫自己的身份认同。它们被称为心理防御机制。免疫系统和防御机制，两者都是为了保护自己不受损伤，但如果它们不能应对有害的入侵者，就可能成为使我们生病的源头——如慢性炎症或神经症。尽管出现了免疫系统，水平基因转移还在继续发生。每一次感染都蕴藏着病毒或细菌将其部分遗传物质转移到我们体内的可能性，这可能是无害的，但也可能很危险。人类基因组中有不少由带传染性的"客人"在我们身上留下的基因"礼物"。迁移来的基因也可以适应我们的身体，比如在我们吃饭时，来自动物的部分遗传物质可以进入人体的细胞。同样地，每一次人际接触都会导致自我元素的迁移。因此，生物体吸收外来元素并使其成为自我的一部分，不仅在社会神经科学和心理学上，而且在整个生物学界都是一个普遍的现象。

如前所述，我们的自我如果没有可支配的原始材料，便不能够成为一个具有创造性的行动者。因此，特别是在我们的童年和青少年时期，我们获得照顾者传达的信息并且吸收感知、阐释风格、想法、态度、行为和反应方式、对待性的态度、行动和发展的目的、绩效标准、对未来的期望、偏好、厌恶和道德标准，就变得非常重要。对于我们来说，其他作为榜样（或

警示性的例子）或向我们发出指令、信息或提议的人都对自我
充实有着重要的意义。它们是自身创造力的起点。就像海伦
娜·赫格曼的小说人物夏丽那样，当儿童和年轻人没有得到足
够的照顾时，他们的自我是个空壳，其后果就是空虚感和无法
感受自己。这两者都是夏丽所描述的折磨人的感觉。如此一
来，自我就不会发展出任何创造力，而是成为恐惧和折磨的来
源。这种空虚必须被什么东西所替代、填补。这可能导致的一
种结果是，一个人的自我方向完全被交到另一个人手上，也就
是说，一个人内心的空虚完全被另一个人的自我所填补。❹在
这种情况下，一般会发展出一种病态的人际依赖关系。另一种
填补内心空虚的情况是痴迷于占有物品、财产或金钱，可以说
是想与它们合为一体。贪婪的起源就是内心的空虚。对东西上
瘾同样是在无意识地填补内心的虚无，只是这是一种徒劳的尝
试：购物成瘾的人试图通过购买东西来填补内心的空虚，但他
们仍感到不断购物并不能满足他们的心理需求（这也是他们必

---

❹原注：海伦娜·赫格曼的小说人物夏丽身上可以看到解决办法的端倪："我无条
件地爱他们二人。至今我仍然不完全清楚为何如此。""我开始追随他们……就像
一只天鹅爱上了一只踏桨小船。"

须购买更多东西的原因）。试图通过饮酒或摄入毒品来缓解情感空虚之苦的人也没什么不同。我们将在第十章和第十三章中将再次提到这个主题。

到目前为止所讲的内容还没有完全回答，人如何找到个性这个问题。有一个通过父母、导师和朋友的自我迁移而变得丰富的内在世界是发展自我身份认同和创造力的必要不充分条件。经历了来自一个（或多个）照顾者强烈的自我迁移的人，通常以一种特殊的方式与照顾者联系或牵绊在一起。典型的情况是相互且强烈的认同感，例如女儿或儿子想跟随成功的母亲或能干的父亲所走的道路。认同感可以是一个强大的能量来源，但它也可以使人如同被关在监狱里一样，导致无法尝试走自己的道路。许多人极其认同一个榜样且往往只认同一个榜样以及其价值观。在这些人身上能看到明显的狭隘、不宽容的倾向，他们对任何事情都要妄加评论或横加批评。他们让全世界感到不允许与他们意见不一致，并期望所有人都认同他们。他们不让别人有什么不同，特别是他们的伴侣和孩子。

那些过分认同某一种生活模式的人很难容忍他人可以有不同的生活方式。他们对异类真实而无意识的愤怒的来源其实是对自己被禁锢的恼怒。在他们过分认同感的表面下是累积已久的巨大愤怒。为了避免这种灾难性的不良发展，孩子们需要有足够多的导师可以选择。导师可以作为额外的、替代性认同对象，以及提供丰富自我的潜在人员。这些人可以是保育员、亲属、中小学教师、职业培训师、大学老师以及其他各类导师，不仅在年轻时，人的一生都需要能够带来鼓舞的伙伴；不仅真人可以扮演导师的角色，书籍、媒体产品和互联网也可以。它们让我们遇到虚构的人物或思想、科学事实和艺术理念，由此也能打动、影响和改变我们。然而，广泛可供选择的媒体并不能掩盖这样一个事实，如意识形态、宗教文本、活跃在互联网上的煽动者或媒体信息所能产生的影响那样，让人变狭隘的危险仍然存在。朝着个性方向迈出的决定性一步是认识到过于强烈、片面的认同，并一点点地脱离它们，向不同的思维方式和生活方式开放自己。这种脱离和开放可能会带来危机、冲突和恐惧，以及暂时性的焦虑。❺

---

❺原注：一个人渴求摆脱束缚人的、病态的生活概念却无力做到，由此还产生了更多冲突和焦虑，这正是人们寻求心理治疗的最常见原因之一，参见第十四章。

当过于强烈的、限制性的认同感松动时，通往个性、创造力和自我认同的大门就会被打开。自我就可以更自由地呼吸了。无数自我拓展的可能性也敞开了。与自我空虚不同，自我拓展不是为了找到替代物。健康的自我拓展先决条件是要有一个内在的自我重心，和平共处的多种自我元素良好融合在其中。在这样的起点上，一个人的自我可以通过学习科学、技术或社会技能，以及通过运动、文学、音乐和其他艺术获得充实。❻ 这种自我拓展可以使生活变得刺激、丰富和幸福。许多充实自我的方式都藏在人们的工作中（见第八章）。人们拓展自我的模式不是为了逃避自我，而是为了遇到自我——这就是我们所说的文化。人类文化活动的核心其实就是自我拓展，我们可以从音乐家与乐器或读者与文学读物中观察到这一点。心理分析学家卡琳·诺尔（Karin Nohr）以四十多位音乐家传记为例清楚地展示了乐器如何成为音乐家的一面镜子。❼ 马塞

---

❻原注：克拉克和查尔默斯的论文《扩展的思维》（1998），莱尔的《关于扩展的认知的论述》与《社会扩展的认知和共享的身份认同》，查尔默斯的《扩展认知和扩展意识》。

❼原注：卡琳·诺尔的《音乐家和他的乐器》。感谢玛格达莱娜·扎巴诺夫（Magdalena Zabanoff）告知我此书作为宝贵的参考资料。

尔·普鲁斯特（Marcel Proust）的一句名言展现了读者和文学读物之间融合的可能性："在我看来，我的书仿佛就是我自己。"❽人生来就是要拓展自我的，所以需要创造性和文化。

---

❽原注：马塞尔·普鲁斯特《追忆似水年华》第一卷《在斯万家这边》。

第七章

通过教育发现
自我的可能性

7

CHAPTER

儿童和青少年的神经生物学构造特点之一是，位于其头部的动机系统只有在儿童或青少年感到自己被感知和"被看到"时才会启动。没有与他人的联系，就没有动力，所以镜像和共振过程是教学关系的核心。儿童和青少年能感觉到他们是否被老师所感知到。有经验的教师已经形成了一种带有个人色彩、毫不费力地"观察"班级的方法。前提条件是，教师要关注她的班级、感知来自学生的信号、知道班级里正在发生的事情，以及知道在特定情况下应该采取什么样的干预措施。最重要的是教师要在富有同理心的理解力和令人信服的领导力之间找到平衡。这意味着教师不仅要允许自己与班级产生共振（移情理解），而且反过来，其表现也会引发学生的共振（进行引领）。实现后者的关键是身体和精神的高度存在感。这是因为教师这个工作与自我具有高度同一性，即坚持自我和自己的信念，态度友好且明确展现出自己对所教授内容的喜爱，并有一套对如何把这些内容教给年轻人的教学计划。持续不断看着电脑屏幕，忙着用黑板或投影机，甚至心不在焉的老师，并没有存在感，他们退出了教学关系且失去了全班的注意力。在当下的西方社会，教师属于要求最高和最辛苦的职业之一。

西方国家的许多儿童和年轻人并没有体验到上学本应有的样子——它作为由社会负担的昂贵高质的受教育机会，使每个年轻人都有机会免费获得带来人生幸福的决定性能力。否认我们的学校教育水平，在某些圈子里已经成为一种时尚，其原因在于，一方面，我们的教育机构存在着不可否认的缺陷；另一方面是成年人，乃至整个教育界，对教育的意义都没有明确的态度。许多成年人和部分教育界人士认为，孩子的个性蛰伏在内心深处，只要没有任何阻碍，就会自行发展。孩子们确实天生带着一种好奇心、对知识的渴求和发现的乐趣，创造力以及对运动和音乐天然的热爱。但是孩子的好奇心、发现的乐趣和创造力应该指向哪里？如果我们对此没有影响，不对儿童进行教育，不给予他们好的机会将他们引向音乐、体育和让他们获得手工艺、语言、自然科学、技术领域的能力，那么儿童决不会在短短几年内自行跟上人类发展了上万年的文化进程。相反，像海伦娜·赫格曼的小说人物夏丽那样，孩子将变得精神贫瘠，因为我们把他交给了教育真空或有问题的替代教育者（尤其是媒体和互联网）。对这些有问题的替代教育者来说，儿童和年轻人只不过是利润来源或各种不当行为的资源。

　　将儿童引向好的选择并鼓励他们去获得技能并不像有些人担心的那样，意味着回归压制性的教育。精神分析学家爱丽丝·米勒（Alice Miller）所描述的"黑色教育"令人印象深刻，这种从18世纪到20世纪60年代对待儿童的方式，系统地破坏了儿童的天性、好奇心和创造力。❶在这个黑暗的时代，年轻人得到的不是共振，而是命令，他们被恐吓并被迫进入一个预先给定的、敌视快乐的行为模式。实施这种"教育学"的工具之一是对儿童和青少年进行殴打，以及伴随殴打而来的心理创伤。

　　糟糕的是，即使成人向我们的后代传达的信息是恶意的或暴力的，这些信息也会作为一种心力内投进入孩子的自我。受到黑色教育或其他形式的无爱教养的儿童，会变成情感上贫乏、抑郁或专制僵硬的人——他们无法接触到感情的世界。他们发展出一个自我，它传递着这样的信息——"除非你符合预定的规范，并不断挑战你的表现极限，否则你就没有任何价值"。许多这样的儿童之后内化了如下信念：人必须被告知

————————

❶原注：犹太心理学家爱丽丝·米勒（Alice Miller）的作品不会因为她儿子对她进行的个人批评而被削弱其重要的意义。她的作品经久不衰。

该做什么事，任何反抗的人都必须被强迫，没有暴力是不行的。这样的结果是，他们在还没有长大的时候，就成了循规蹈矩的跟随者、变成没有同情心的同胞、工作伙伴、教育者或暴力的实施者。用不近人情的方式抚养或殴打的儿童，在一定时刻会有打人的冲动，这一事实已经被许多研究证明。因想摆脱这种冲动而寻求心理治疗帮助的人在过去无一例外都经历过殴打（见第十四章）。 几十年的黑色教育与这期间发生的两场世界大战之间存在着不可否认的时间联系。1968年的"学生运动"❷的功绩之一是揭示并反抗了黑色教育的弊端，特别是对儿童和青少年的暴力惩罚，黑色教育在部分西方社会中被终止了。❸但目前针对黑色教育的反抗并不局限于终止对儿童的恐吓、鼓励孩子有好奇心、乐于去发现、有活动和创造的冲动。1968年后的部分人和部分教育改革有了过高的目标。人们假设儿童在没有成人导师的指导下可以在自由互动中达成公平的

---

❷译注："六八运动"指在20世纪60年代中后期、1968年达到高峰的一系列反战、反官僚精英的抗议活动。它由左翼学生和民权运动分子在全世界多个国家共同发起。在当时的西德，它也被称为"六八学生运动"。

❸原注：在巨变前的几十年里，许多儿童和年轻人在托儿所、幼儿园和学校中遭受了痛苦（包括性虐待）。对这段历史的清算直到柏林墙倒塌后才开始。

社会规则，并有合规的举动。人们还假设，孩子们仅仅跟随着兴趣原则、不需任何努力就可以了解最起码的文化与经典。实际在今天，年轻人没有最基本的文化和经典知识，就不能取得成功、不能获得幸福。第一个假设的后果是，20世纪70年代和20世纪80年代的反权威主义私立幼儿园中的部分儿童处在社会达尔文主义❹的环境下，当他们是弱势群体时，便可能会经历来自同龄人的暴力。到我们这个时代还一直存在着的校园暴力事件表明，儿童在某些情况下并不会畏惧以可怕的方式折磨他们的同龄人。另外，儿童和青少年在学校教育结束时必须掌握经典知识。但假设他们可以在不努力的情况下就获得这些知识，这也是个站不住脚的想法。甚至那些在教育讨论中向外界表达别样观点的人也清楚知道这一点。

最近几年的教育讨论中总是被提到一所无训导模式学校——"比登堡学院"（Institut Beatenberg），它由安德烈亚斯·穆勒（Andreas Müller）开办。我在作为客人访问这所学校时，被允许在无人陪同的情况下与一些学生交谈。一些青少

---

❹译注：社会达尔文主义衍生自达尔文生物进化理论。这个社会学流派主张用进化论的观点，即适者生存、自然选择等来解释人类社会的规律。

年学生告诉我，当他们不想努力时，他们非常感谢从自己的
"学习陪伴人"那里得到的鼓励，这让他们更加努力。这所学
校透着一种极其友好、尊重人的整体氛围。当我问到一名15
岁的学生，他认为他的"学习陪伴人"有什么优点时，这个
学生调皮地笑着回答："当我懈怠的时候，他紧跟着我，不放
手。他总是让我知道，'我想让你变得更好，并且我相信你会
变得更好。'他只是希望并坚持让我去努力。"学生们向我明确
表示，和在德国的一些怀着浪漫想法的教育改革圈子所提及的
不同，这所学校内的学习环境并不是毫无教育功能、全无训导
的。如果真是这样，它也就不会成功。这次访问后，我对这所
学校十分信任，因为"比登堡学院"所实行的正是每所好学校
该做的事：以关系为导向的教学法，让年轻人身处友善且提供
支持的学校氛围中，得到好的学习机会，对学生也提出要求。
出于这个原因，我认为安德烈亚斯·穆勒实际上是一位优秀的
教育家。学校不需要对纪律的赞美，因为纪律本身不是目的，
根据希腊哲学家柏拉图的定义，它并不属于伟大的美德。❺学
校应尽可能多地给儿童和年轻人带来快乐，它应该是生活的空

---

❺原注：柏拉图的所谓的基本美德包括勇气、审慎、节制和正义。

间，应该给年轻人提供能够激励他们的生活环境。❻然而事实上儿童或青少年在学校掌握的东西并不应该都是只会带来快乐的事物。正如教育学家戴安娜·鲍姆林德（Diana Baumrind）的研究表明，接受自由放任教学法的学生在以后的生活中会比较缺乏自信。这不仅是因为他们内心没有任何激励性质的心力内投或自我要素，还因为他们没能够按照设定的目标坚持自我。以色列教育家哈伊姆·奥默尔（Haim Omer）指出，儿童和年轻人希望在家长和导师那里感到一种"自然的权威"，这个概念也是由奥默尔创造的。

对于儿童和青少年来说，从老师那里得到共振是至关重要的。共振可以告诉孩子一些关于他的自我的事情，更重要的是关于他未来的事情。共振具有自证的预言力量，它们打开或关闭可能性空间。让我们想象一下，一个男孩的行为被他的老师视为"麻烦"。即使老师竭力不让这个孩子注意到自己内心的厌恶，但老师的身体语言，尤其是面部表情，还是会让孩子感觉到他的"内心独白"（"唉，又是你！""对你没什么好期待的！"）一个行为有问题的孩子从周围，也许包括从父母那里，

---

❻原注：参见《学校的赞美——给学生、教师和家长的七个建议》。

体会到已经成为例行性的、消极且无声的共振，这会对他有何影响？他会吸收所遇到的教师的自我部分("我们感受到你是一个让人难以忍受的孩子")，并使它成为自己的一部分（"我是一个让人难以忍受且不让人有任何好的期待的孩子"）。这个预言将成为现实。他的行为将继续恶化下去。此外，社会排斥会激活人类大脑的痛觉系统。因此，这个孩子比以前更有攻击性或抑郁（甚至两者兼有）的概率会增加。什么会对此有帮助？一种令人惊讶的新反应、一种没有先入为主的反应将带给孩子不同的"内心独白"、不同的共振（"你到底是谁？""我们想更好地了解你""我们相信，尽管有各种逆境，你身上也有一些好的东西可以得到发展"）。一个老师对一个被所有人遗忘了的、有暴力倾向的少年随口说了一句友好的话，说他完全可以想象这个男孩成为音乐家、健身教练或足球教练，这可能变成一个共振，在这个男孩身上打开一个可能性空间。向年轻人所传达的愿景是否"正确"完全不重要——它只需要适合这个年轻人。关键是，孩子体验到他的未来得到信任，人们向他展示一个可能性空间，他在其中可以得到发展。

再举一个例子，让我们想象一下，一个学生屡次表现出"棘手的"行为，并且现在又得了一个较差的数学成绩。不幸的是，许多教师所承受的压力在这种情况下有时带来了诸如此类的评价，"我们都看到了，你不是最聪明的"，或者"没错，女孩往往不太擅长数学"。这样的言论会关闭，甚至彻底摧毁这个学生的可能性空间。更有甚者，就像前面的例子一样，它们变成了一种自证式预言。教师说出口的话是教师的自我元素（"我相信具有某种行为举止和外表的学生没有能力""女生在数学方面基本上表现得比较愚蠢"）。即使这是一个还算自信的学生，这种针对她的自我元素也会像一支带倒刺的箭一样穿透她，并作为一种心力内投物固着在她身上。在孩子的成绩表现不尽如人意时，教师不应粉饰一切，他们必须并且被允许指出存在的问题。然而在这种情况下，教师也可以这样表达，"我毫不怀疑，如果你再努力一点，有其他人帮助你的话，你可以做得更好！课后来我这里一下，我想和你一起想想，我们能具体做些什么来使你更进一步。"这样的说法可以传达给女孩，类似我采访过的"比登堡学院"的男孩对老师非常欣赏的内容（"我希望你能做得更好，我对你有信心！"）老师可以通过这种类型的评论，在没有美化事实的前提下鼓励这个女孩。家长和教师、学校和培训中心应该传达给年轻人打开可能性空间的共振。

为了使我们的学校成为学生感到舒适、教师喜欢工作的生活空间，学校建筑需要得到翻新或现代化改造，班级人数需要减少，需要对教师进行教育和培训，使他们掌握创造以关系为导向的教学艺术。如前所述，至少在德国目前的条件下，教师是最困难的职业之一。花费老师大量精力的不是教学本身，而是首先在课堂上创造一个可以开始教与学环境的任务，这意味着老师与他的班级建立并保持一种良好的关系。我领导的一个科学工作小组[7]的研究表明，教师在建立关系方面的困难解释了他们为什么尤其容易受到健康方面的困扰。[8]除家长外，教师是所有教育的关键点，这也是约翰·哈蒂（John Hattie）在综合分析中所得出的结论（即"可见的学习"）。为了履行他们的职责，在课堂上形成哈伊姆·奥默尔所说的"自然的权威"，教师需要家长和整个社会的支持，教师之间也必须相互

---

[7] 原注：成员包括现任勒拉赫医院心身医学部主任托马斯·翁特布林克博士（Dr. Thomas Unterbrink）、露丝·菲佛（Ruth Pfeifer）、马蒂亚斯·布劳尼格（Matthias Braeunig）、自2017年起，还有亚历山大·温施博士（Dr. Alexander Wünsch）。

[8] 原注：参见翁特布林克及其同事的研究《基于949名德国教师的样本研究影响健康变量的参数》。

支持。

对于像我们这样以知识和专业技术为基础的国家来说，扩建学校和培训设施，提高它们的质量必须拥有最优先权。

第八章

CHAPTER

8

在工作中拓展自我

工作与人类的自我有非常特殊的联系。它为人类提供了自我成长和自我拓展的机会。自我依靠人际间或社会的共振而存活，因此也就并不难理解，人们不仅为自己，也需要为他们的工作内容寻求他人的接纳。由于人们把他们在工作中所做的事作为自我的一部分，所以他们希望自己的工作在他们的工作对象和工作伙伴那儿引起共振，并能够被周遭社会环境"所看到"且受到尊重。因此，他人对其所做工作的肯定会转移到工作完成者身上，并引发生理反应。大脑通过激活动机或奖励系统对社会赞赏做出回应；它将社会经验转化为生物应答反应。被激活的动机或奖励系统会产生信使物质，如果没有这些物质，人就会立即出现身体或心理上的崩溃。由此在自我、工作、社会共振和人的生理状况之间形成了一个功能闭环。如果工作的性质让这个圈子无法形成闭环，人们感受到他们的工作是没有意义、没有价值的，就会体验到一种异化感。做或不得不做让人感到毫无意义的事情会带来这种感觉，没有工作也会如此。不管人进行体力劳动、脑力劳动，在社会领域或在艺术领域工作，工作都是人类不可替代的自我价值资源——即使它对我们的要求很高，它也能让我们体验到自己有价值、有意义和归属感。工作让生活富有节奏感，最重要的是，它使自我充满活力，正如老话常说的，它是一种自我实现。在这种背景下，我对无须劳动即可获得基本收入持怀疑态度。这种情况让人担心，我们没有让所有社会成员参与到有意义的工作中（并为此创造教育前提条件），而是使一部分人，特别是受教育程度低的人，脱离了劳动过程。在我看来，自从开始自动化以来一直被提及的预言——我们将无工作可做，即使在世界数字化的背景下，也不会成真。

一方面，通过工作获得的自我价值为自我提供了一个巨大的可能性空间；但另一方面，它也是一个圈套。一些感到缺乏自我，正如人们常说的，和自己无法相处的人（特别是在无事可做的时候），会发现工作是自我的替代品，有在工作中迷失自我的风险——就像上瘾一样。❶工作狂很难摆脱这个"陷阱"。他们经常会听到这样的建议——干脆少做一点工作，但

---

❶原注：有趣的是，海伦娜·赫格曼在她的小说《别墅》中（参见本书第三章）让那个患有严重自我问题的角色夏丽斟酌了这个选择："我可能在某些方面（面对痛苦）显得过于有野心。"

这样将迫使他们面对空虚的、无法忍受的自我。另一方面，他们必须用高强度工作来维持他们的替代自我的生存，而这有可能使他们最终陷入严重疲惫状态，或迟早要面对健康问题。当他们在工作中的"自我"经常且稳定地受到高度认可时，这一类型的工作人士的身体可能还不会垮掉。但当他们遭受所谓的满足危机时，也就是说，当他们例如因为上级的更换或其他原因，突然失去了迄今为止得到的特别赞赏时，就会经历低潮。然后在一个令人惊愕的短时间内，健康状况就会跌到低谷，例如出现倦怠综合征、抑郁症或患上身体疾病。职业倦怠综合征有以下三个特征：第一，长期处于情绪疲惫状态，即使休息几天也不会改善；第二，即使受影响的人尽最大的意志努力，他仍然对工作或上司有无法克服的厌恶感；第三，尽管工作投入增加，但工作效率降低。抑郁症最重要的特征是失去自我价值感、失去动力（缺乏能量），有注意力和记忆力问题、有清晨（通常在三到四点之间）过早醒来的睡眠障碍和对生活的厌倦。职业倦怠和抑郁症应该被区分开来，但它们也可能相互转化。那些患有倦怠综合征的人，其患抑郁症的风险也会成倍增加。因为倦怠综合征或抑郁症的根源不是通常所说的"过劳"，而是一个根深蒂固的、痛苦的自我问题，它源于一个人除了工作之外在生活中没有机会内化一些可以满足灵魂的东西——体育、游戏、艺术、音乐、文学或体验大自然。所以在这种情况下，解决方案不应是仅仅让受影响的人休病假并希望情况会自行改善。因此，倦怠综合征或因工作而产生的抑郁症应该首先在精神科医院寻求住院治疗，然后在一段时间内仍然得到心理门诊的治疗支持。

多年来可以观察到，在德国上班的大约4500万雇员身上有这样的发展特点——工作越来越集中，由于引入数字技术，许多工作场所发生了质的变化。工业行业正处于向所谓的工业4.0方向改变，这意味着生产设施完全配备机器或机器人，并以数字方式实现自我控制。人们只是作为助手在工作。这其中正在发生一个根本性的变化，其后果现在还无法被预见。到目前为止，人类工作的特点是数字终端作为人类思维的"外部分支"，前文已提到，哲学家安迪·克拉克和大卫·查尔默斯将这种情况称为"扩展的思维"或"扩展的认知"——我们的精神并没有被束缚于我们的肉体界限内，而是超越了它，拥有了包含适当技术工具的领地。工业4.0所暗藏的根本性变化可能颠覆人机关系，使人类成为人工智能的"外部分支"，这是值得人们担忧的，它对人类的自我和人类对自身的理解意味着什么，正是目前公众讨论的主题。然而，这还不是我们唯一需要注意的发展趋势。

此外，所有权结构在过去几十年中发生的根本性变化对就业状况也意义重大。这种变化的标志是大型国际资本公司部分或全部收购企业，其目的并不像传统企业家或董事会那样是为了在未来长期促进某个公司的业务发展，而是为了在短期内推动公司在股票市场上的资本升值。这里使用的方法首先是不断地重组，解雇人员后（往往是在不断恶化的社会条件下）再雇用新人，以及不断地重新部署员工，这是意于在全体职工中制造不安全感、焦虑和服从感。这些被理查德·桑内特（Richard Sennett）称为"新型资本主义文化"❷的变化不仅毁掉了许多公司，也摧毁了许多员工的健康。我曾专门写过一本书讨论工作与健康的关系，在书中我也分析了上述问题。❸

正如本书开头所提到的，共振过程在维持工作健康方面发挥着至关重要的作用。它们不仅涉及劳动者与他们的工作流程

❷原注：参见桑内特的《新资本主义的文化》。
❸原注：参见鲍尔的《工作——为什么它让我们幸福或生病》。

或产品的关系，也涉及他们与上级和同事的关系。在工作岗位上没有体验到任何共振的人，会产生倦怠感并成为病人。❹卡尔·马克思就上述人与工作之间断裂的联系创造了"异化"这一概念。不仅仅是生产的成果可以成为共振的来源。凡是人们为他人提供服务的地方，人们在顾客、客户或病人那里创造的满足感都将作为一种共振反馈回来。许多雇主和主管鼓励员工，为他们提供进一步的培训，成功使员工的工作更加以关系为导向，但在更多情况下，这一点被忽视了。以关系为导向的服务业从业者不仅会提高公司的经营效率，而且还保护了他们自己的健康。

有一种长期以来一直被推荐、现在仍然普遍存在的领导方法就是激起恐惧，这粒"种子"导致员工之间的隔阂以及竞争关系的加剧。中小型公司的企业中管理层和员工之间至少偶尔还能相互了解对方的个人情况。这类公司清楚，它们提升员工，即劳动力宝库的积极性、知识水平和经验的最佳方式是与员工建立关系，并让他们感受到一种共振，无论是赞赏还是偶尔的批评。甚至当批评客观且充满尊重地表达出来时，它也可

---

❹原注：参见鲍尔的《工作——为什么它让我们幸福或生病》。

以是一种价值欣赏的表达。随着越来越多的公司被匿名投资者和基金所接管，许多公司中的管理和互动风格却向着消极方向发展。❺这种新类型投资者的"统治"意味着，这些被收购且往往只是部分被收购了的公司，其管理层被控制在这类投资者手中。随着这种发展，一种有意避免管理层、上级和员工之间的共振关系，并且在工作层面阻止稳定的团队发展的管理风格进入了公司。公司被故意保持在一个不断动荡的状态中。员工长期处于不安和恐惧之中，看着可能被解雇的"达摩克利斯之剑"❻悬在头上。这种发展的结果是在工作场合与压力有关的疾病持续增加。没有任何精神药物和劝解的好话可以阻止这个精神内耗的过程。我认为，有类似情况的上市公司的雇员要表现出更大的团结，参与到工会中去，并将人性化的工作条件作为政治议程的一部分。

---

❺原注：参见桑内特的《新资本主义的文化》。

❻译注：传说达摩克利斯是公元前4世纪意大利锡拉库萨的国王狄奥尼修斯二世的朝臣，他非常喜欢奉承狄奥尼修斯。国王提议与他互换身份一日，达摩克利斯便开心地体验起来，直到他在晚宴快结束时发现头顶所悬之剑。国王告诉他，这剑象征着对王权一直潜在的威胁，一切荣华富贵都只是表象。后世多用"达摩克利斯之剑"这一典故借比隐含的杀机和危险。

　　只有员工在感到被上级"看到"的情况下，才会产生动力和对公司的认同感。良好的领导力和合作的工作氛围并不意味着员工在工作场所的成就会降低，事实上恰恰相反。导致效率低下，即所谓的员工在内心放弃工作和上文提及的倦怠综合征的两个重要原因在于，企业内部的沟通仅限于不断要求更多的业绩和增加的压力。有时，神经科学研究的结果可以直接应用于工作领域：如果一个人有机会说出自己的想法，并体验到别人倾听他，那么他的神经元动机系统就会被激活。在做出重要决定之前倾听员工意见的公司，会让员工得到激励并将员工与公司联系在一起。尊重员工的文化必须从公司的高层开始被接纳，否则下级管理层就无法践行它。好的领导并不意味着小心翼翼对待员工，而是与他们保持联系，提出、说明对工作表现的期望，并对好的或者不尽人意的表现不断给予反馈。如果这些出现在友好且不散布恐惧和焦虑的氛围中，员工会从他们的主管或团队领导那里体验到共振。管理良好、相互之间维持着友好协作关系的团队会发展出巨大的效益。不幸地是，"领导艺术"这一主题还没有进入工商管理学院，而大多数公司主管都是从这些学院招募的。那里仍在传授着一种与目前盛行的金融资本主义相容的、粗暴的社会达尔文主义。管理部门和那些直接面对员工的领导应该考虑到社会神经科学的发现并对此进行学习。雇员是宝贵的资源，其与公司的联系程度应得到加强，其技术和能力应得到提升，其健康应得到保护。

第九章

让自我在亲密关系中成长

CHAPTER

9

是什么让交互的共振变成一种如此令人喜悦的体验？其实是通过伴侣的共振而打开的可能性空间和在这个空间中成长的自我。体验共鸣是人类最深层的渴望，它植根于神经生理之上，形成了爱、性和伙伴关系的原始动机。像在调情的瞬间、在新鲜热恋阶段，或者两个人已经达到了一种成熟、幸福且拥有性满足的伴侣关系时，共振能展现出神奇的效果，而在热恋已经退却、亲密和爱意却还没有产生的阶段，一切就变得很困难了。在爱情关系开始时，关系中的伴侣双方在对方身上激活镜像神经元系统。共振过程通常是以非语言的方式开始的，取代语言参与其中的，首先是身体语言符号——眼神、面部表情和身体姿势。不久之后自我系统也紧随而上，这时我们才用语言来反射自我，强调彼此兴趣的相似性，从而激活"我与你的耦合"。

伴侣间的共振并不是通过详细的描述来展开其魔力的。在过于详细的描述中，吸引力很快就会消失。吸引力产生于通过伴侣所唤起或由其带来的充满幻想的可能性空间。恋爱中的人在他们所爱的人身上看到了对方往往还没有发现的东西。恋人相互描述对彼此的期待，以及他们自己会通过对方变成什么样，由此而打开可能性空间。这些通过共振传送的愿望绝对不是一纸空文。它们鼓舞人心，让人有力量、让决定变成熟，它们会真正直达内心地改变对方，因为它们给双方带来生理变化。恋人之间相互反应的部分愿望可以成为一个自证式预言。突然间，有人会开始学习新的乐器、听不同的音乐、进行体育运动、发现新的爱好或做一些他过去从来不会去做的事情，比如曾声称绝不会去上舞蹈课的人，突然学起了跳舞。但这种共振的魔法往往只会持续一段有限的时间。随着恋人间认识并分享日常生活的时间变长，最初关于为对方开辟新空间的想象就开始消退。为什么会出现这种消退呢？

有时，两个人之间的爱情半衰期是如此之短，在我看来，以下几点在诸多原因之中尤为值得一提：

首先，情感没有容身之处。爱情不仅包括爱一个人和被爱，也包括可以允许和接受自己被爱。那些确信自己没有吸引力、不值得被爱、毫无天赋或总是没有欢乐的人，可能会在短时间内发现有人对他们感兴趣是件令人愉快的事，甚至可能参与到一段关系中，但随后，他们的关系就如同拉着手刹开车一般。从伴侣那里流出的共振无法到达他们身上；他们缺乏自信、勇气和想象力而无法进入向他们开放的可能性空间。来自伴侣的自我迁移携带着"你是个很美好的人"的信息，它们在这些羞怯的人身上遇到了老旧的自我元素，而这些元素大多在早年间就被别人深植在这种人心中。当热情的一半面对一个无法被点燃热情的对象时，两个人的爱意就都会在倦怠中终结。

其次，例行性共振而非共振。人类的心理和大脑只有在新的、未知的任务出现且同时能有一些特殊的收获时，才会振作起来。我们的大脑倾向于在复杂的"重复工作过程"中，如在交互共振这样需要最大注意力和存在感的活动中开启节能模式。在交往的早期阶段，伴侣一下班到家，另一半就会跳起来，冲向门口。刚回家的人会被要求尽可能多地给另一半讲述当天发生的事；几个月后，当伴侣中的一方在傍晚时分回到家时，问候声往往只从沙发上传来；到最后，只有电视里响起的新闻声了。在伴侣关系中，让吸引力最终消失的大多是例行性行为，这时候的内心独白就像这样："我现在已经知道你是谁了；没有什么大的惊喜可言；今晚会发生什么，反正也都一清二楚。"这样的例行性行为是一把"双刃剑"。它不完全是坏事，因为不必害怕意外，知道或者认为自己知道，自己可以从对方身上得到什么，这是很令人放松的。而另一方面，如果生活中不断重复同样的事情，谨小慎微地避免惊喜，最终会变得乏味。

再次，你不再是"他人"，而是"我"的一部分。这种现象影响着所有的伴侣关系。人们的能力和天赋差别很大，经常有两个长短处互补的人走到了一起。如果一个男人问他的伴侣，他把自己的钥匙放在哪里了，因为他知道她不仅照顾她自己，也会留意他把东西丢在了哪里，那么对这个男人来说，伴侣已经成为一个外部分支，一种替代记忆或"行走的笔记本"。同样的情况也发生在一个女人问她的伴侣，她应该穿什么时。当伴侣相互成为对方的"扩展思维"时，也存在着一种危险，即在某些时候，双方逐渐无法意识到，另一半——和自己对于对方来说一样——其实是一个"他者"，而不是补充性质的附属物。

这三种畸形发展并不相互排除，它们甚至常常是相伴发生的。例行性行为和刻板印象会成为爱情"毒药"，因为它们虽然缓慢但必然会关闭最初打开的自我发展的可能性"大门"。经过长时间的交往，我们很容易错误地确信自己知道对方是谁，而这结果则是极其糟糕的。我们大脑中的"经济学家"却很喜欢这种情况，因为这样可以节省大脑的工作量。但一个人不会保持原样，而是根据每天对他产生影响的新印象不断地进行内心重建。因此，一段时间后在伴侣关系中会形成一种分裂：交互的例行性共振符合人们初交往时的状态。但后来，由于双方都不想伤害或刺激对方，所以双方都服从于对方用来对待自己的刻板印象。事实上，关系中双方的自我都有了进一步发展，但这些变化最终不再被伴侣所"看到"，因为它们不再引发新的共振。接下来的发展是明确的：如果我现在遇到一个新的人，他的共振带着高能量瞄准了我身上的新变化，那么这个新的人就为我打开了通往新的可能性空间的"大门"。这可能意味着原本关系的结束。

那么是否有可能防止关系中发展出例行性共振呢？这个问题不仅仅适用于伴侣，也适用于每一种人际关系。刻板印象是活力和生活乐趣的"毒药"。它们剥夺了我们对所遇事物的惊奇感。谁还记得我们第一次——也许是在三岁的时候——有意识地"看到"和欣赏的第一朵花？第一次遇到古老的巨树时，它引发了怎样的惊奇？当我们的舌头认识了一种新的味道时，我们经历了怎样的魔法？今天我们还能注意到花吗？在我们看过其中一些古树之后，它们是不是已经在脑海中被"砍伐"了？还有哪些味道的体验仍然能让我们这些生活富裕的人真正陶醉呢？事实上，许多人将不得不承认，没有什么东西让他们真正感到惊奇。我们让那些在日常生活中遇到的事情在例行性模式中与我们擦肩而过。最终我们认为，一切都已经过去了，包括现在已经在我们身边几个月或几年的伴侣。

几年来，一种调解方式在全世界得到了极大的认可，也就是所谓的"觉察减压法"（英文：Mindfulness-Based Stress Reduction/MBSR）。觉察训练师在课程中让课程参与者做的练习之一便是著名的"葡萄干练习"。每个参与者都会得到一粒葡萄干放在他们张开的手中，并被要求闭上眼睛。参与者需要用他们的指尖探索它，就像他们以前从未接触过葡萄干一样。然后，他们要把它放在嘴唇之间感受一下，接着把它放在舌头上，再用牙齿打开它，就好像是第一次一般仔细地品尝它。这种看起来是胡闹的东西有什么意义？我们通过这样的练习认识到，我们可以重新发现许多自己周围的东西以及那些我们早已熟悉而不经意间错过的东西。就像人们可以重新认识一粒葡萄干一样，对于处在伴侣关系中的人来说，重新认识伴侣并且用新鲜的眼光来看待伴侣，仿佛我们第一次见到伴侣一样是很重要的。那些想留住其伴侣的人应该在其他人这样做之前就这么做。

尽管我们已经认识一个人很久了，但要重新审视他，一再地如同我们第一次与他相遇一般看待他，可以在各种关系中带来收获。抛弃我们清楚自己和谁生活在一起的虚假确信，而以一种全新的方式反复了解一个人，赞叹他，并向他传达出一种全新的、小心试探的共振，可以使一段被无聊或失望掌控的关系恢复活力。父母应该对他们的孩子这样做，保育员应该对他们保护的人这样做，教师应该对他们的学生这样做，上级与员工（反之亦然）、同事之间也应该如此。每天都要相互重新发现对方，可能要求太高，但我们应该经常这样做。以新的眼光看待另一个人——尤其是自己的伴侣——这样的尝试可以是自发的并且可以说是无声的。但是当有一个合适的场合出现时，它就更容易了。人们也可以自己创造场合。人可以在经过深思熟虑后有意在某些地方打破日常生活的常规，这不应是破坏性的，而应该是用能取悦对方的、让对方惊讶的、能让对方以好感接纳的形式来进行。例行性行为也可以由伴侣中的一方主动做一些新的事情来打破，例如学习一种乐器或一项运动。当然，伴侣双方也可以一起做这件事。日常生活本身也提供了摆脱例行性共振的机会。当关系中出现不和谐或冲突时，也会出现以新的方式看待另一个人的机会——这似乎是反直觉的，但冲突也是机会，我们可以把它作为检查人际间常规反应的契机。但事实上，我们却通常会把不协调或冲突变成一种关系的"毒药"。我们抱怨对方不再像我们认为的那样，或像他们在过去一直做的那样对待我们。我们被激怒了——对方怎么离开了舒适的交互刻板印象？！但这正是一个好机会，就像觉察练习中的葡萄干一样——重新触摸并发现："你究竟是谁？让我大吃一惊！"

第十章

10 CHAPTER

自恋、依赖、抑郁

　　与自己和平相处、与自己和解、在闲暇时找机会自处，这种"自我愉悦"是深刻的，且往往是幸福感的源泉。但是，与自己的相遇也会使许多人感到相当痛苦。为了摆脱这种痛苦，人会需要不断消遣。而无法自处的人轻易就能找到这种机会：现代通信手段为每一个有需要的人提供了无限的消遣机会，让他们在不断传来的信息中分散注意力。其结果是一种匆忙而毫无节制的生活方式，其中缺失了刺激和反应之间的休息空间。在美国进行的一项实验表明，对一些人来说，要在有限的时间内不分心地与自己独处，简直是难以忍受的。人们要求健康的、没有精神障碍的年轻人，进入一个让他们可以舒适地安顿下来的房间，并让他们在里面以放松的状态度过一些时间，然而许多参与者非常矛盾地并没有放松下来。相反，紧张的情绪开始出现。如果之前在房间的一个角落里放置了一个只能用来给自己施加轻度电击的装置，那么大多数测试对象会用电击自己来打发时间。这是为什么？这项小型研究是否是世界上工业化国家人类状况的示例？我们需要越来越多的媒体让自己消遣，填满每一秒空闲的时间，这是因为我们再也无法忍受让我们可能"遇见"自己的"正常"生活吗？神经科学对揭示这些问题可以做出什么贡献？

多年来，神经科学研究的重点是，当一些特定的事情发生时——当我们做或感知某事时，思考某个具体问题、针对性地回忆某个具体事物，或者当我们面对唤起我们心中的恐惧、愤怒、拒绝、厌恶、渴望或幸福的体会时，大脑中会有什么变化。但当一个人没有任务要完成，没有什么要注意的，没有被任何事情分心或处于情绪波动中，而是什么都不做的时候，大脑在干什么呢？神经科学在几年前才对这个问题有所回答。当我们似乎什么都不做，让思想自由发散时，我们的大脑就会激活自我系统。❶由于自我系统与动机系统（有时也被称为快乐系统）有很强的神经元联系，人们本该觉得，停留在自己的思想和感受中是快乐的。但是如上所述，独处往往会使许多人产生不愉快的感觉。与神经科学的测量结果一致，在"什么都不

---

❶原注：因为这个系统只在人不从事特定任务时才活跃起来，于是它也被称为预设模式网络（英文为"Default Mode Network"，缩写为"DMN"）或休息系统。事实上，这个术语具有误导性，因为预设模式网络并不反映休息的状态。当头脑没有接到具体任务时，该系统就会活跃起来。当大脑需要完成特定任务时，休息系统才进入休息状态！

做"时，伴随着自我网络被激活，人们的神经焦虑系统也在不同程度上被一同激活了。❷因此，许多人在遇见自我时都会有焦虑感。这反过来又可以解释，为什么人们会尴尬地回避与自己放松地相处，转而不断寻求消遣。

是什么触动了自我，哪些好的感觉或恐惧让自我活跃了起来，这些都不能通过神经科学的方法被展现出来，也幸运是如此。要想知道这一切，需要人与人进行交谈。美国学者钱德拉·斯里帕达（Chandra Sripada）做了一个研究，测试者先是独自在昏暗的房间内的扶手椅上尽可能地放松。因为环境黑暗且安静，测试者不会被任何东西分散注意力。然后测试者被要求在一段时间内说出任何突然想到的事情。斯里帕达对超过15 000多份测试者的思想记录进行了内容分析，发现这些思想几乎完全围绕着以下几点：个人目标、忧思和顾虑、亲近的人、个人评价（"我喜欢什么""我不喜欢什么"）和眼前的空间环境。因此，当我们不忙于某项任务、不被任何事件分心时，不仅我们的自我系统中的神经元被激活，我们的心理行为也被激活了：当我们放松的时候，大脑中绝对不是"什么都没

---

❷原注：神经元的焦虑系统，即所谓的杏仁核，位于颞叶两侧的深处。

有发生"，而是被自己的渴望、恐惧、喜欢、不喜欢、我们的过去和未来所占据。在 19 世纪末，一位后来成为精神分析学创始人的神经学家有一个绝妙的想法，研究自我可能可以治疗有精神障碍的人，但为了这些病人不去逃避潜伏在内心中的恐惧，他们需要一个治疗的陪伴者。这个人就是西格蒙德·弗洛伊德。钱德拉·斯里帕达的方法有一个著名的原型，即弗洛伊德的"谈话疗法"，也就是精神分析。在现代，精神分析仍然是一种宝贵而有价值的心理治疗形式。

忍受自己、自处，是对一个人最困难的挑战之一。为什么与自我相处会引发许多人身上的焦虑呢？自我不一定是一片平静的绿洲，至少对许多人来说，它是一片不平静的，甚至是不断被"地震"所撼动的、受到"断层"严重影响的区域。其原因是自我中"充满消极"的部分。如前所述，这些部分在生命的最初几年由照顾者发出，并在生命过程中被有重要意义的他者发射到我们身上。它们成为我们自我的一部分，从此再没有休眠过。当自我部分找到了进入一个人内心的通路，却表现得与这个人自身的自我相冲时，那它们就不像平和的室友，而是像动态的元素一样，即使人努力忽视它们，它们也有不断反复扰乱生活的趋势，人们可以将此与数字世界的病毒程序相类比。人受制于一个两难的困境：在生命的最初几个月和几年中，我们需要传递给我们的自我元素，以使自己的自我出现。但只有这些元素才能给予我们有价值的（"我们喜欢你，你很可爱"）和带来勇气的（"你很有天赋。如果你做出努力，你可以实现很多事情！"）信息时，它们才使我们的自我成为一个"宜居的"世界。甚至我们是否具有爱的能力，也取决于曾经向我们发出的并被我们内化的信息。（"其他人是可爱的，无论如何，他们中的大多数是可爱的，你可以爱他们。"）对儿童的早期爱护必须被重视的原因就在于，儿童要得到关爱，长大后才能够忍受与自我相处。

自恋的人内化了一种要求，即他们必须在生活中表现得出色，这种要求通常来自他们的父母。❸但与此同时，他们对自己极不自信，这是因为他们经常受到质疑或羞辱。生活在这两种矛盾的内在信息中（一方面，"你是上帝给人类的礼物"；另一方面，"你算什么东西？"），是一种极其痛苦的体验。对此只有一条出路，受影响的人需要持续得到关于他们有多么伟大的反馈。由于他们周围的正常人一般不会自愿参与到自恋者

---

❸原注：参见布鲁默尔曼的《儿童自恋症的起源》。

的"自我安慰马戏团"中，自恋者必须强迫别人，通过征服、羞辱、吓唬和让别人依赖他们来得到他人的"钦佩"。他们施加给别人自己曾经经历过的对待。自恋不仅存在于权贵中，它也经常出现在易怒、好斗的年轻男子身上。这些人大多来自父权制的环境，一方面他们被理想化（往往只是因为他们不是女性），另一方面则被占主导地位的父亲羞辱甚至殴打。但女性也会自恋。为了得到认可（喜爱等），必须不断用智能手机记录自己并向他人展示，这种上瘾现象清楚地表明了人类的自恋。在去看心理治疗师之前，自恋者通常会对自己和其他人造成很多伤害。寻求治疗帮助的触发因素通常是所谓的自恋危机。它出现在自恋者意识到自己被所有人惧怕，且没有人爱他的时候。如果没有人遵循锁钥原则，拥有与自恋者需求相辅相成的需求，那么自恋者在陷入危机之前就已经感到不幸了。

依赖性强的人是自恋者的互补型。依赖的表现范围很广，严重程度也很不同。依赖者与所有的人一样，都希望成为一个有尊严的人，一个被尊重和被认可的人。这种愿望是健康的。但依赖性强的人有他们的问题，因为他们有另一个内化了的自我部分，这个部分不断地对他们耳语，说他们比别人更没有价值，别人看不起他们或歧视他们。这种话语常常是臆想混合着真实。当依赖性强的人来自社会弱势群体，在童年生活中没有得到充分的照顾，后来又被剥夺了参与教育和社会文化活动的机会时，就会出现这种臆想与现实混杂的情况。这类人不会联合起来在政治上争取社会参与，或自己改变自身处境，而是经常会把自己对尊严、认可和尊重的未实现的愿望委托给自己周围或公共领域的一个领袖人物。领袖人物向依赖型人做出承诺，他将代表他们去战斗，并为他们设法取得被剥夺的尊重。这个领袖人物通常是一个明显的自恋者。如果他是一个公众人物，那么这个自恋者就需要大量对他有期待的依赖型人向他反映，他是一个伟大的人。聚集成群的依赖型人在自恋型领袖身上体验到的是一个位于他们外部的、受伤且渴望着伟大的自我部分，而这个自恋者现在承诺将治愈这个部分并使其变得伟大。冷静地看，他们之间除了一拍即合的幻想外，实际上没有任何共同的利益。由此，为了维系群众和领袖之间的不平等关系，他们就需要一个共同的敌人。领袖游说群众去认清使他们处于不利地位的罪魁祸首，并播下对少数派族群——受过教育的人、移民，或者其他人的仇恨。仇恨是自恋者让他的依赖者保持忠诚的手段。

　　我认为，德国一直都是一个依赖性强的群众和自以为了

不起的领导人相互影响的国家。东德民众很幸运地争取实现
了两德统一。然而，在1989年之后出现了一个新发展，它
让许多曾经生活在东德的人体验到一种羞辱感。东德的工业
崩溃导致多年的高失业率。同样糟糕的还有学校系统的暂时
崩溃，以及在整个20世纪90年代中都缺乏平台可供年轻人
和平集会，参加以民主为导向、创造性的活动或者行善。这
导致了许多生活在东德的儿童、年轻人和成年人感到他们毫
无意义，或者至少比起其他人来说是无足轻重的，或者觉得
自己的自我是有缺陷的、不够好的。东西德的极端右翼分子
正好钻了这个空子，向感到受辱的人提出让自己来领导他
们。在这些极端分子中，有许多寻求认可的自恋者，他们在
寻找依赖型的群众。他们向这些群众承诺会对造成他们恶劣
处境的"罪魁祸首"进行报复，还会带来新的辉煌。

　　不仅是依赖性，抑郁症的原因也是自我系统的失衡。大部
分患有抑郁症的人有一个稳定的自我。❹然而，一个健康的自
我元素（"我们接受你"）却与另一个有问题的自我元素结成了
对，后者提出了条件（"如果你取得了巨大的成就并一直努力，

---

❹原注：例外的情况是所谓的依赖性抑郁症患者，他们的自我核心缺失。

不辜负我们的期望，我们才接受你。"）。有抑郁症倾向的人，只要他们没有（尚未）患病，就还能出色地工作。他们不断做事并让自己为他人服务，直到他们筋疲力尽地倒下。他们更容易因无法放松以及无法享受自处而受到影响。他们不允许自己真正喜欢什么东西，因为如果他们这样做了，那么上述不断推动他们的自我部分就会发挥作用，并在他们即将松懈时警告他们。（"你知道这是很轻浮的，而且不该享受生活。当你开始放松，那么假以时日，你的放纵就毫无边界了！"）

就算不断努力追求完美但仍有不足的内在信息，就是抑郁症患者多年来，特别是在他们生命的早年阶段中听到的外部信息。这些信息的内容与父母、至少是父母中的一方的信念相一致。父母不断追求成果的自我部分指向了孩子，在孩子身上成为一种心力内投物，让孩子越来越不安。这种心力内投不断以狂妄自大、无情的督促者身份出现。有抑郁症倾向的人会进行内心的"自我对话"，对话内容围绕着尚未完成的任务、要实现的目标和关于自己（仍然）不足的经验。正如最近的神经科学研究表明，这种心理状况也在神经自我系统中有所表现。额叶的"底层"（专业术语：vmPFC），即自我系统中代表实际自我的部分，在抑郁症患者中显示出持续且加强的过度激

活。如果诱导抑郁症患者从外部看自己（例如与他人一起谈论
自己），这将导致位于额叶"上层"的神经自我观察系统过度
活跃。抑郁症的例子深刻地表明，额叶如何有力地影响下游的
神经元系统，并通过它们影响整个身体的生理状况，其中与额
叶密切相关的动机系统和应激系统格外受影响。虽然抑郁症患
者的动机系统处于停滞状态，并且患者的所有动力和活力都在
衰退，但应激系统被过度激活。这导致患者无法找到内心的平
静，并遭受严重的睡眠障碍。另外，这种"不被允许休息"往
往还会让有抑郁症倾向的人多年不生病，比如，在没有抑郁症
倾向的人身上会激活免疫系统从而引起发烧和让人必须卧床休
息的感染，在高抑郁症风险的人身上过度激活的应激系统会压
制免疫系统的基因活性和发烧的产生。

如何改变与抑郁症有关的思维和感受模式？当别人向一个
有抑郁症倾向的人提出善意的建议，并告诉他们要少做一些事
情时，不仅不会有效果，而且还可能导致这个人失去自尊甚至
友谊破裂。因为有抑郁症倾向的"忧郁型人"❺可不觉得"单

❺原注："忧郁型人"是由前海德堡精神病学家胡伯特·泰伦巴赫（Hubert
Tellenbach）所创造的一个术语，用来描述受抑郁症风险增加影响的尽责的和自
我牺牲型的人。参见哈特曼的《关于忧郁型人的心理变化》。

纯少做些事情"是个好主意。内在经验和行为模式导致一个人成为自恋者、依赖者或高抑郁风险者，这只有通过合格的心理治疗才能改变。心理治疗的意义在于，治疗师找到了进入病人自我系统的通路，找到了病人现存思维和感受模式中的功能失调，并会陪伴病人经历随后的变化。这三个步骤都需要时间，病人要有耐心，治疗师要有高水平。

第十一章

CHAPTER 11

创伤、煤气灯效应、失智症

　　尽管当前存在着一种倾向，即每一次伤害、事故或意外带来的不利变化都可被解释为创伤，但其实并非每一次逆境都是一次创伤。一种经历是否为创伤，取决于自我是否因为极端无助的经历而被彻底剥夺了作为行动者的可能性，并被永久地削弱了。正如我们所看到的，人类的自我是一种形式独特的生命体，是人类身体内的生命体。就像童话故事中的主角一样，它经历了童年，长大了试图把命运掌握在自己手中，走向世界，经历考验、胜利、冲击和失败。死亡也会降临到自我身上——甚至可能在自我所栖居的人类生命体死亡之前。在生命的最初几个月里，镜像神经元系统的存在让照顾者在婴儿体内留下共振体验，共振在婴儿身上留下的痕迹使一个柔弱、不断变化、脆弱的自我开始产生。在开始时，这个自我主要以接受为主。如前所述，它主要由传回给孩子的共振所构成。如果我们把孩子接受的每一次共振看作是被他吸收的一个身体细胞，那么这些细胞就会在孩子身上组成一个多细胞的自我生命体。自我成为儿童不可分割的一部分，不仅是因为它嵌入了儿童的身体，而且还因为其组成部分必须在儿童机体的控制下积极地被整合并且进行融入。这种内在的自我组织产生了一个稳固的自我。对儿童的严重忽视或者在其生命早期阶段对其施加情感或身体暴力，显然应被视为创伤经历，因为它们会严重损害儿童自我产生——因此也会影响儿童以后成为行动者。它们会导致严重的心理障碍和后期人格的剧烈紊乱，且这两者往往是结合在一起的。

在出生后的几个月内，婴儿开始将其正在生成的自我作为一个能动的主体来使用。在一岁以后，向婴儿发出的信息对其身体的直接影响越来越小，它们遇到了一个中间的收件人——已经不再单纯是接受者的自我。在出生后的第二年，孩子越来越多地显示出，他正在努力整合来自外界和其自身内部以及自我内部的冲动，并维持着自身的整体性。挫折将不再导致孩子过度的愤怒或彻底的绝望，而是让孩子越来越关注自己的情况。孩子正在发展中的语言能力在其中发挥了关键作用。它帮助孩子掌握所经历的事并让其参与到自己的自我建构中来。我在我的孙子身上体会到了，儿童与起到辅助性自我作用的照顾者进行互动时，语言习得对其掌握自己的情绪有什么作用。我的孙子当时才21个月大，正在学习他的第一个单词。一次他来看望我，他起初无法应对一些特定的东西被吃完了（即使有其他方法可以吃饱）。他无法控制自己的失落感，然后会开始"大惊小怪"。于是，我每次都在吃完自己盘子里的东西，或在他吃完某样东西后，重复着唱歌似的表达遗憾并念叨着"全部"，同时我还摊平双手做出一个无奈的姿态。孩子吃完了东西后，也立刻模仿了这个手势和我说的话。他已经内化了我提供给他的一个自我部分。他的愤怒情绪消失了，因为他现在已经把这个过程变成了自己可以用语言——即通过符号来表达的东西，由此，所发生的事对他来说是可掌控的了。

有能力支配一个内在的整合者即自我，并逐步发展其能力，将有助于孩子更好地包容日常生活中的小干扰。因为即使父母爱自己的孩子胜过一切，父母也不可能永远完美。他们就像其他照顾者一样，在某些时候会达到自己的极限。父母为孩子设定限制，但偶尔会犯"错误"。不仅父母不可能是完美的，我们的孩子所处的世界也有着诸多缺陷，这些缺陷总是对孩子产生影响，给他们带来许多挫折或伤害。以深思熟虑的方式，而不是以权威的压迫方式给孩子设定限制，并不是在制造创伤，即使这可能会引起孩子的恼怒、反叛或哭泣。因此许多家长对此的担心是不必要的。重要的是向孩子解释自己的行为，虽然这并不总意味着孩子会更容易接受家长的决定，但家长也不应该由此被激怒。解释自己的决定是极其重要的，因为它通常在事后使孩子能够内化父母的决定，从而加强他们自己内在的整合。孩子的自我通过开始积极地发挥自己的作用，越来越多地参与到出生后头几个月内仍然完全"外包给"照顾者的任务中去，例如调节由挫折引发的激烈情绪。当今社会可以观察到一个趋势，即人们对所有事情都感到不安，以及不断感到愤怒（并一有机会就宣称自己受到了创伤），这个趋势通过社交媒体被进一步加强。在前文所述的背景下，这个趋势是否可以得到解释？是否在六八年后，在生活富裕和自由放任的泡沫中，我们忽视了培养儿童产生内在整体性的任务？ ❶

在整个生命过程中，人类的自我总是既为行为主体又是受影响的对象。一方面，它是行动者，说的这就是我；另一方面，它也是命令、信息、支持和威胁的"收件人"，这些都不会简单地被它的外表弹开，而是可以穿透表面——就像心灵感应一样——要么成为自我的一部分，要么引发反抗（尽管从辩证的角度看，它们也成为自我系统的一部分）。实际上大多数

---

❶原注：阿里亚德妮·冯·席拉赫（Ariadne von Schirach）谈到了"精神病社会"。参见其2019的著作《精神病社会》。

情况，都是在不知不觉中发生的。但自我并非无能为力。它
不仅感受到哪些人和哪些信息对它有好处或让它产生不适、
哪些会增加或削弱它的力量，它的身边还有一个自我观察者，
使它能够思考自己、思考自己和别人的动机。它的感知和分
析工具让自我能决定与何人在一起、与何人为伍，以及处理
他人加之于自我身上的信息。就像是我们与一个突然遇到的
旧友谈话，对于在谈话中对我们产生的影响，我们自发地做
出反应，与朋友交换意见。当我们说再见的时候，又或许之
后会找到一些闲暇时间来反思这次的相遇，这时自我就有机
会评估和梳理所发生的事情：我希望这样一个让人愉快的人
能够再次出现在我身边，我会保持这段关系；或者，当我回
顾谈话内容时，我又一次不断感到对方的自以为是，我当时
很不喜欢这样，我不会再继续这段关系了。通过接近他人，
对他人做出反应并解释、筛选和组合所经历的事，自我参与
到了持续不断、永不结束的自我建构中。

　　下文描述了非创伤性的可掌握的外部影响与创伤性经历的
范围，让我们可以对两者进行区分：创伤性经历与非创伤性经
历的不同之处在于，创伤强行剥夺了受害者自我的权力，剥夺
了其作为自身完整性的守护者和经历整合者的角色。暴力行为

是明显的造成创伤的形式。在暴力行为发生的那一刻，受害者的自我意识到了自己的无力感而选择了放弃。如果压迫持续很长时间，受害者可能会与加害者形成联结，这一看来自相矛盾的过程被称为"斯德哥尔摩综合征"。对这种综合征的解释是，加害者的自我系统带着犯罪部分，这个部分发出实施加害行为的命令并入侵劫持了受害者的自我系统。额叶中的神经元"我与你的耦合"是这种看似疯狂的情形的来由。所以，"你"不仅可以有掌握自己"房间"的权力，当它被"我"邀请时，例如在热恋的情况中，"你"也可以掌握另一个人的自我。更有甚者，"你"还可以通过蛮力夺取另一个人的自我。

如果这种"侵扰"是在双方同意的情况下发生的，如在热恋中，受影响者的自我仍然在发挥作用，我们就不会称之为创伤。因为这与暴力劫持是截然相反的，暴力劫持会消除或"逆转"受害者的自我，即让其为加害者服务。长期以来，人们不理解为什么强暴的受害者总是在受害后的很长一段时间内反复突然陷入自杀冲动。对此可有的解释是，加害者在犯罪的那一刻就把自我的犯罪行为部分植入了受害者体内。这种植入物在受害者身上继续"存活"，它包含着的犯罪能量旨在毁灭受害者。于是，这种心力内投物反复"产出"自杀的冲动，而受害者则感到这就好像是自己的冲动一样！为了识别这些恶意的心力投射，就需要心理治疗的帮助，就像扫雷工作一样，使其无害化。❷ 如果没有这样的帮助，创伤受害者不仅会遭受心理上的伤害，还会遭受神经元上的伤害。受过创伤的人的额叶"下层"——自我的所在地——会表现出明显的萎缩。❸

由犯罪事件所引发的持续性的、具有高度"毒性"作用的心力内投，也可以在那些于儿童或青少年时期遭受性虐待的人身上表现出来。如果加害人不以公然的暴力方式犯罪，他们就会表面上让儿童成为自己的盟友。在客观上，这种行为造成的创伤有以下特点：儿童从自我的角度出发，觉得由加害者发起的性行为是令人厌恶的，是他们完全不可理解的。这就是为什么这些事件不能被孩子的自我整合的原因。但加害者对此全然不顾，他们试图将自己对事件的解释，即这种强迫行为是美好的，孩子或者青少年也希望如此，强加给受害者。人们可以将此称为"悄无声息的斯德哥尔摩综合征"。当加害者是父亲、

❷ 原注：我已经在《为什么我感受到了你的感觉》一书中首次介绍了这种对于受害者来说很危险的、近乎邪恶的机制。

❸ 原注：我在《身体的记忆》一书中更详细地描述了创伤引起的神经退行性病变的神经生理原因。

祖父、教育者、辅导员或导师——面对受害者是关怀型的角色时，加害者甚至会试图引发受害者的内疚感。如果受害者拒绝合作，他就是忘恩负义，让加害者"失望"，诸如此类。这类侵害案件往往持续较长的时间，控制加害者行事的病态自我部分会迁移到受害者身上，并在那里扎根，被受害者体验为自己的一部分。根据这种模式，过去的受害者可以成为新的加害者。

犯罪行为持续的时间越长，被虐待的受害者会变得越来越不确定，他们是受害者还是犯罪者的盟友。最糟糕的是，当他们求助于他人，期望得到帮助时，往往会面对不信任，就像前奥登瓦尔德学校——这所实行教育改革的寄宿制精英学校中的一些学生所遭遇的那样。❹受到老师性虐待的一些学生向他们的父母倾诉，面对的却是父母的不信任。类似的事情也发生在一些教会机构——教会学校和修道院中。受害者不确定，自己是否真的是受害者，或者他们是不是真的没有"部分责任"，这导致了受害者很痛苦，往往在几十年后才能谈论别

---

❹译注：20世纪90年代末，奥登瓦尔德学校曾经的学生揭露了部分教师和校长杰罗德·贝克尔（Gerold Becker）对学生进行了长达数十年系统性的性侵害。

人对他们所做的事情。早年受虐待的人后来会对自己的性欲感到很陌生。如前所述,在个别情况下,加害者的自我部分转移到受害者身上,可能导致这些受害者后来成为犯罪者。

在童年或青春期遭受性虐待或性暴力的女孩,成年后,会不自觉地在伴侣关系中重新体验到她们曾经经历的事件,尽管这段关系是女性自愿接受的。这种重新体验发生的原因是,受害者总是突然感受到在伴侣关系中的性行为和她们成为性暴力受害者时的经历一样,而她们无法有意识地控制这种感受。受影响的妇女体验到一种内心的撕裂:她们的理智告诉她们,她们处于一种自己想要的关系中,这是她们接纳的一种温柔的性,但另一种感觉在她们内心深处涌起,她们感到曾经遭受的虐待或暴力在重复发生。一位在年轻时曾遭受过严重强暴侵害而产生以上这种感受的病人告诉我,她每次与她所爱的现任伴侣性交后,都觉得自己必须擦去眼睛里的沙子。因为当时在公园里被强暴时,让她的脸上和眼睛里沾上了大量的沙子。修复虐待和暴力造成的伤害需要长期的心理治疗。这位病人开始接受心理治疗,她不可避免地在内心深处重新面对加诸于她身上的创伤。不久后,她就暂时出现了强烈的自杀冲动。这是入侵她自我的加害者的心力内投想完成它的破坏工作,而心理治疗能够防止这一点。

另一种特殊形式的创伤，其发生的频率比人们普遍认为的要高，那就是所谓的煤气灯效应❺，这是指在很长一段时间内，以高度暴力的语言和时不时的身体暴力公然恐吓一个人。这种暴力包括加害者不断告诉受害者，后者的看法是错误的。事情的发展与受害者的记忆不同。加害者还会反驳受害者对当前情况的感受。这种可能发生在恋人关系或工作场所的精神折磨，导致一个人的自我被剥夺了作为行动者的角色，并引发严重的不安全感和心理麻痹。如果受害者无法通过分手来摆脱这种情况，这些有计划性地质疑受害者感知系统的信息会进行持续轰炸，将导致受害者的自我最终放弃作为一个自我建构者的角色，而把它留给加害者。加害者已经消除了受害者的自我保护外壳，可以自由地将自己"有毒的"自我碎片植入受害者体内。反过来，受害者也不再相信自己的认知，而接纳了加害者的认知。

与煤气灯效应类似的还有假供词。在有深刻暗示性或恐

---

❺原注：《煤气灯下》是帕特里克·汉密尔顿（Patrick Hamilton）于1938年创作的戏剧。它后来被拍成了电影，其中涉及了今天被称为"煤气灯效应"的特定类型心理恐怖战术。

吓性的审讯中，被指控的人会提供假供词，但有时不需要施加什么压力，一些人也会这样。虽然被指控的人肯定没有犯罪，但实际上他最终相信了自己有罪。在世界范围内，除了许多因有罪而被审判之人，每个监狱都有这样背上莫须有罪名的人。三项相互独立的科学调查对几百个案件进行了研究，它们分别展现出在6%、8%以及27%的案件中，被指控的人在判决前就"认罪"了，而在事后，这些人被证明是清白的。❻检察官和法官应该意识到这一点并加以考虑。❼

这个问题不仅涉及司法界。在一项实验中，人们被要求在电脑上写字，并被告知在任何情况下都不要按"Alt"键，因为这将导致电脑崩溃。实验中研究者操控电脑发生崩溃，并（故意）指责参与实验的人造成了意外，其中48%的受试者接受了这个指责。如果允许一个（虚假的）证人参加实验，他在这次由操控而出现的崩溃后支持研究人的指责，并声称

---

❻原注：参见卡辛的《虚假自白中的社会心理学》。

❼原注：在我应奥地利联邦总理府（由社民党领导的克恩政府）的邀请于维也纳为法官们做的一次讲座后，我在一本法律杂志上发表了一篇文章，探讨了法律心理学中的一些问题（参见《法官也是人——从法律心理及神经科学角度观察审判工作》）。

看到受试者按下了"Alt"键，错误供词的比例就增加到了94%。还有一个实验，要求被试者聚精会神地想象自己正在做某个动作或进行某个活动（例如某次自行车旅行），一段时间后，他们会以为自己曾经做过想象中的动作或活动——这种现象被称为"想象膨胀"。有些人即使只观察了某个动作，也会出现这种效果（也就是"观察膨胀"Observation Inflation）。❽比起成年人，儿童更容易无力应对向他们发出的暗示性信息。例如有人怀疑教育者在幼儿园中犯下了虐待行为，只要他对孩子进行足够长时间地询问，最终就能"成功"得到肯定答案。孩子自我感受到自己的认知与提问者的期望相违背，最终就会屈服。（尽管如此，当儿童自己报告可疑事件时，我们当然应该保持警惕。）

对自我的冲击会加快失智症的发展。因此，除了引起创伤后应激障碍（长期焦虑、内心反复体验伤害、噩梦、自杀冲动）❾，创伤也会助长失智症的产生，个别情况下甚至会直接引发失智症。正如已经解释过的那样，创伤导致了自我心理上的

---

❽原注：参见林德纳及其同事的研究《观察膨胀：你的行为成为我的行为》。

❾原注：关于创伤后应激障碍的更多信息，参见《身体的记忆》。

削弱，它可以"穿透"神经元基底。我的一位博士生[10]最近发表了一项综合分析，其中发现患上失智症的人通常比其他人有过更严重的长期焦虑症状。焦虑绝对是表明一个人的自我处于痛苦中的一项标志。我曾领导一个科研小组研究阿尔茨海默病患者的生平，发现这些人在更大程度上受早期创伤经历影响，并且在他们的伴侣关系中（早于失智症发生之前）存在着特定的依赖模式。[11]与此观察相符，阿尔茨海默病的典型神经退行性变化首先表现在自我系统的神经元网络中。相应地，受到高度创伤经历影响的人——集中营幸存者（"集中营综合征"）和长期暴露在高死亡风险下的士兵（"战争水手综合征"[12]）身上

---

[10] 原注：伊娃·贝克尔（Eva Becker），参见贝克尔及其同事的研究《焦虑是阿尔茨海默病和血管性痴呆的风险因素》。

[11] 原注：参见《阿尔茨海默病》以及《阿尔茨海默病患者的生命历程研究——对病前发展过程的定性内容分析》。约格·昂格尔博士[Dr. Joerg Unger，当时他还叫约尔格·奎曼（Joerg Qualmann），他现在经营着一家心身医学诊所]以及海德薇·鲍尔（Hedwig Bauer）和我一起研究了失智症病人患病前的生平。

[12] 译注：战争水手综合征（英文：War sailor symptom）描述的是二战中幸存下来的挪威商船水手身上体现出的症状。这些人中，三分之一如今已成为残疾人，并领取伤残抚恤金。其中大多数人患有一种与集中营幸存者非常相似的综合征。这种综合征分为两部分：一部分是非神经性焦虑，人重复体验到战争时期的恐怖；另一部分是大脑器质性的焦虑；第二部分在少数情况下被神经放射学和神经心理学所证实。

显示出失智症的风险增加。我们对阿尔茨海默病患者的研究发现，失智症发作的最终诱因是，患者的感知完整性已被外部发生的事件完全打碎，这对病人的自我明显造成了致命的打击。

最后，我想以一种积极的态度返回到本章的起点。允许自我作为行动者、整合者和自我建构者的经历和体验可能会造成压力或痛苦，但他们并不是创伤性的。相反，它们可以使自我更有能力、更有经验、更有弹性，也许更谨慎，也许更自如。当然，他们在不造成创伤的情况下，也可以扭曲自我，使其焦虑、抑郁或具有攻击性。这种对自我的损害是很常见的，如果它们影响到一个人的生活体验或感受，那么人可能需要得到心理治疗的帮助。只要作为行动者的自我没有失去职能，这些损害就不意味着创伤已经形成。

第十二章
CHAPTER 12

文化、精神和大脑

我们生活在一个大移民时代。有些移民是因战争、破坏、气候变化和赤贫离开了家乡。自2015年以来，大多数逃难到德国的人来自推崇所谓的社群文化的国家（本书后面有关于社群文化的定义）。我本人多年来一直积极从事难民援助工作。早在南斯拉夫战争时期，我就在帮助从巴尔干半岛逃离的妇女。当2015年新的难民潮开始时，我又一次亲自照顾了个别受到严重创伤的难民。根据我的经验，我相信知道由文化差异所造成的不同观点与行为方式，可以帮助我们更好地理解来自异国文化、作为个体来到我们这里的人。仔细地观察其他文化圈的人们如何组织共同生活，并认识到我们的生活方式不是唯一的路径，可以帮助我们理解，无论我们来自哪里，我们首先都是人类。由于各种原因，这一见解尚未被所有人接受。对此，我想着重强调其中的一种原因——种族主义——因为它涉及我的专业领域。

查尔斯·达尔文不知道，这个世界上所有民族的人，其基因构成几乎百分之百相同。在达尔文的时代，民族群体仍然是"种族"。他认为，这其中的淘汰——也就是筛选——是不可避免的，最终只有一个"种族"会在淘汰中幸存下来。在此基础上，他认为这将是一个白种人的民族。[1]早在1933年纳粹掌权德国之前，达尔文的追随者，尤其在德语区中，就很痴迷这个淘汰的概念即"适者生存"。1905年，一名学术精英成立了德国种族卫生协会，其中有生物学、医学、法学和神学的知名教授。早在阿道夫·希特勒上台之前，这些圈子里就出现了这样的想法：人文主义道德是过时的"多愁善感"。现在需要的是一种基于生物进化的新道德，据此为了维护"种族"的健康，生理上"更好"的人应该比受限的人——戴眼镜的人、没有运动体格的人、精神脆弱的人、残疾人和患遗传性疾病的人——获得更多的机会。那句后来的纳粹宣传语，"没有了祖国，你什么也不是"，其实是德国种族卫生协会发明的。在我所著的《人性定律》的第四章中，对达尔文主义如何被纳粹所利用，以及学术界精英们对纳粹主义所犯的罪行起了什么作用，进行了说明。

从基因学上看，人类几乎百分之百地相同，但这并不意味着个体身体、大脑和心理的相同。其原因是，基因变化多样，

---

[1] 原注：参见《人性定律》以及《合作基因》。

并受到环境因素的影响。环境和遗传物质一同工作，就像钢琴家和他的三角钢琴一般。一个人在其社会环境中的经历和行为对大脑有着可被科学证明的特别强烈、持久的影响。在家庭中有安全感、接受了大量激励并在体育和音乐方面得到支持的儿童，他们的大脑中产生神经生长因子的基因被激活，这些基因反过来又保证了大脑的良好发展。相比之下，被忽视或经历过暴力的儿童的大脑灰质可最多减少30%。社会环境塑造了人类的大脑，这在今天看来绝不是一个大胆的外行人假设，而是现代神经科学的发现成果。❷

在我们这个星球上，社会环境彼此之间的差异有时非常大。解释和理解世界，以及采取行动的一种特定的、许多人都使用的方式，被称作文化。如果社会环境塑造了人类的大脑，那么就可以认为，文化也会对人脑产生影响。如果人想科学地研究文化对大脑和心理的影响，那么首先有必要说明，在众多文化差异的特征中，哪一点要被挑出来更详细地分析与其相关的神经生物学因素。在过去的二十年里，文化研究中被探究最

---

❷原注：参见艾森伯格的《人脑的社会构造》，鲍尔的《疼痛边界——关于日常和全球暴力》。

多的一个文化特征是文化中不同程度的集体取向，换一种说法就是不同程度的个人主义。

西方国家的人往往以他们的生活方式为基准，与他们不同的生活方式，往往被看作是落后的表现。这种衡量方法有可能越来越成为全球冲突和战争的一个重要原因。事实上，世界上只有大约三分之一的人分享着这种在西方国家中（在所谓的个人主义文化中）发展起来的个人主义生活方式。有三分之二的人生活在社群文化中（在专业文献中也被称为集体主义文化）。文化学家设计出了一些问卷来确定一个人在多大程度上属于个人主义文化或社群文化。最常用的问卷❸让测试对象看到两类陈述。一类是"我喜欢用自己独特的方式，我要与别人不同""我做我的事情，不管别人怎么看我""如果我不喜欢某件事，我会直接拒绝，而不是含糊地表达"。另一类是诸如，"与和我在一起的人和谐相处对我来说意义重大""我会把自我利益放在群体利益之后""我的幸福很大程度上取决于我周围的人是否幸福"。这些说法中的每一项都可以通过程度表（完全不符合/有点符合/经常符合/大部分符合/总是符合）来打

---

❸原注：参见辛格利斯的《独立我和相依我的结构测量》。

分，以进行差异化的评估。

亚洲和阿拉伯国家大多受到社群文化的影响，而西方国家大多则趋向明显的个人主义。这类科学调查是有意义的，但同时也应被谨慎对待。其中不能忽视的危险是，这种文化分类的方式将某一地区的人全都"混为一谈"，而忽略了个体间的差异。德国人知道，当被人说"德国人就是这样"时，会带来什么感觉。这种被称为"他者"的分类方式，不仅对德国人，而且比如对波兰人、意大利人、土耳其人、俄罗斯人、中国人或犹太人，都是一种暴力。刻板印象所带来的危险是，每个人的独特性被抹去了，这一点必须被注重和考虑到。

若我们想了解一种外国文化，我们应该尽可能以来自有关文化本身的描述为基础，而不是以我们作为外部人对其他文化的成见为基础。最近来到我们这里的难民大部分都来自阿拉伯文化圈，那么具有此文化背景的作家如何描述他们自己的文化呢？阿拉伯文化的特点是维系家庭或大家族的社会凝聚力优先于个人利益。在传统阿拉伯文化圈长大的人的身份不是由其个人的成绩或成功决定，而是由其属于某个家庭、氏族和宗教决定的。社会从属关系对西方人来说也起着一定的作用，但通常不那么重要。最重要的是，社会从属关系也是一种自我选择

（必要时还可以更换）——这在阿拉伯文化圈内则是异样的观点。在那里，基于出身和传统的归属感不会受到质疑。来自社群文化的人在工作和私人领域中寻找团体。独自一人——在学习、工作或下班后——是少见的。个人主义意味着，重视每个个体独特的成长路径。在传统上，阿拉伯文化中的教育是与社会环境相联系的：大家庭或更广泛的亲属关系在某处创造出机会，年轻男性或女性就在那儿开始学习生活。一个单身年轻人若要搬到一个在那儿不认识任何人的地方，对于传统阿拉伯文化圈的人来说是一个荒谬的想法。

　　阿拉伯人和我们的文化之间的另一个重要区别涉及面子的作用。西方人往往痴迷于我们所谓的事实。我们中的许多人认为，用事实撕下他人的面具是正当的。对于来自阿拉伯文化圈的人来说，不损害自己以及他人名声的信条则具有更高的优先权。如果事实可能造成自己或第三方的颜面有损，那么在传统的阿拉伯文化圈，事实就必须屈居于保留颜面的信条之后。西方人相互之间不会造成伤害的指责，可能已经触及了阿拉伯人的"疼痛边界"，并导致羞耻、退缩或有攻击性。其他的文化差异会导致日常共同生活中的误解：如果发生了违法行为，例如盗窃或人身伤害，对西方人来说通常只有一种结果，即向警察报告或上法庭。来自传统阿拉伯文化圈的人绝不像我们经常假设的那样，把违反规定的行为看作没什么大不了的事。对他们来说陌生的是去找警察或上法庭，他们倾向于在涉事的两个家族之间进行澄清。对阿拉伯人来说，法律不像对我们来说是一个惩罚的问题，而是在于补救（这并不是要否认某些行为在阿拉伯文化中不会受到惩罚，而且在某些情况下，这些惩罚在我们看来是不人道的）。❹

---

❹原注：这里所提到的差异在日常生活中具有实际意义，尽管它们往往涉及看似微不足道的问题。在阿拉伯文化圈，当一个受尊敬的成年人与一位儿童或年轻人交谈时，年轻人直视成年人的眼睛会被视为不礼貌。而在我们的文化中，不看着对我们说话的人被认为是不礼貌的，这与阿拉伯文化完全相反。另一点涉及面子问题。我们的教师和培训者允许且应该指导他们的阿拉伯学生。然而，与其当着他人的面，明确地指出学生所犯的错误，不如再次重复指导动作，并且以不针对个人的方式说明，"人们"在这种情况下会这样做，而不是采用其他方式。还有一点是阿拉伯人民无处不在的社群意识。和我相熟的老师为一个年轻的阿拉伯难民在一家小型金属制造公司找到一份学徒工作，而我正在帮助这位年轻人治疗其抑郁症和自杀倾向。在我对他的治疗过程中，我感觉到这个年轻人没有因为有了学徒工作而感到丝毫的喜悦。我知道，他不会接受这份工作。该公司不在城里，他不认识带他的师傅，并不得不每天早上独自出发去工作。简而言之，整件事情对一个不满20岁、一直都生活在小村庄内的年轻人来说，是不可想象的。那么该怎么做？我无视了所有心理治疗规范守则，在接下来的一次治疗中，请那个年轻人上车并载他去见了他未来的培训师傅（出发前，我也向年轻人告知了这次见面）。到达那里后，我们与工厂的培训师傅坐下来，喝了咖啡，互相认识了一下。这样，在新的学徒岗位上，这些人在一定程度上成为这个年轻人的"家人"。几天后，这个年轻人按计划开始了他的学徒生活。

　　人们是否可以从神经科学的角度对社群取向和个人主义的现象进行研究？事实上，近年来已经形成了一个新的研究领域，即"文化神经科学"（Cultural Neurosciences）。对文化学感兴趣的大脑研究领域的学者们已经了解到一些研究，它们表明，位于人类额叶底层的自我网络中的相当一部分不仅编码自己的自我，还编码与自我关系密切的其他人的自我。这些研究假定，人们不仅认为如母亲、兄弟或好朋友是自己亲近的人，还觉得受人尊敬的偶像也是如此。当自我网络与一个被许多人崇拜的偶像的网络相重合时，意味着自我网络与一个"我们的"网络相重合，因为偶像不只对单独一个人来说是重要的，而是被许多人所喜爱。下一步研究的是以下问题：在这个地球上，是否所有人的自我网络与他们周围"我们的"网络的重合度都是一样的？又或者，在社群文化中长大的人会不会在这方面比来自个体主义文化的人有更高的重合度？人们在对单个人进行的独立研究中首先提取其自我网络，然后提取"我们的"网络，紧接着从自我网络中剥去"我们的"网络的活动模式，那么余下的部分即"纯自我"，而来自社群文化的人身上的"纯自我"要明显小于在个人主义培养下的人身上的"纯自我"。这意味着，参与社群文化社会生活的人不仅在心理上，而且在神经元上发展了一个"我们–我（Wir-Ich）"，一个所谓的"相依我"，而在个人主义培养下的人身上则发展了一个"我–我（Ich-Ich）"，一个"独立我"。❺这种差异绝不是由基因决定的，因为人类在出生时并没有自我，正如已经解释过的那样，人要通过由照顾者向其传播的共振才能获得自我。自我系统中的神经系统差异完全是由文化决定的，它们在一定程度上展现为文化在大脑中的"指纹"。这里所描述的绝不是唯一一个可以在不同文化的人身上找到的差异。

认识到一个人的某种成长文化背景在他的大脑中会留下特定的印记——甚至可能是无数个印记——意味着什么？可以从中得出什么结论或教训来实现难民融入新的地区的目标？由于社会或文化影响而形成的神经元结构的特定模式会随着新的经历而演变。来自新社会环境的影响可以再次改变神经元结构。另一方面应该指出的是，已经烙在神经元结构上的印记不可能在一瞬间就像上速成班一样被改变，特别是当现有的模式建立

---

❺原注：维托里奥·加列斯（Vittorio Gallese）在另一种情况下谈到了自我身份，并将其与社会身份形成对比。参见加列斯的《同理心的根源：共享流形假说和主体间性的神经基础》。

于儿童期，并且经过多年固定下来时。神经元模式通过文化发生变化可能需要的时间，对于青少年来说是几年，对超过30岁的成年人来说是一二十年（这一估计是基于假设双方都有意愿和动力这样做）。与一些乐观主义者的假设相反，我们需要与难民更多地一起努力，来实现他们融入当地的目标，光是几次邻里间的庆祝活动，虽然美好但还远远不够。

融入是一个长期的、有时还很艰巨的过程。这个过程要求我们不仅要了解来到我们这儿的文化，还要能向他人更好地解释我们自己的文化。

移民研究表明，移民在其接纳国有四条不同的道路：❻

边缘化：移民鄙视自己的文化和接纳国的文化，受到了所谓的边缘化。他们是"丧家之犬"，即失去了所有方向的失败者。他们是"泥潭"，激进组织从这里"捕捞"他们的追随者。这些捕捞者向被边缘化的人承诺会把他们从道德的灾难中拉出来，让他们变成道德英雄，而这通常是通过参与暗杀活动来实现。

分离：珍视原籍国文化，但拒绝接受接纳国文化的移民走

---

❻原注：参见贝里的《涵化：成功地在两种文化中生活》。

上了所谓的分离之路。这个概念指所谓的"平行社会"。

同化：努力吸收接纳国文化而抛弃本国文化的移民走的是所谓的同化之路，即彻底去适应。在德国，许多人把同化和融入混为一谈，因为他们误以为融入需要移民放弃以前的文化身份，走上同化的道路。

融入是第四条路径，意味着移民既要接受接纳国的文化，又要保护自己的文化。

科学研究表明，被边缘化的移民受心理健康问题，尤其是抑郁症的影响最大（这使他们成为激进组织首先诱惑的对象，激进组织向他们承诺，他们会得到救赎）。其次是那些生活在分离状态中，即在平行社会中的人。最健康的是融入社会的人，次好的是被同化的移民。成功融入社会的一个极其重要的先决条件是学习接纳国的语言。因此，应建立强有力的激励机制，鼓励移民学习接纳国的语言。另一方面，如果移民信奉自己的宗教受阻，他们的融合也会受到阻碍。只要他们和我们一起生活，他们就应该被提供教育或工作的机会。接受教育的移民应在他们完成学习之前受到保护，免于被驱逐出境。移民的孩子应该与德国儿童去同样的幼儿园上学。幼儿园和学校应加强家长和家庭工作。另外，我们的执法机构应对宣扬、散播暴力的情况进行严格监控。散播仇恨的传教士、危险人物和罪犯必须被绳之以法或驱逐出境。众所周知，德国在这一领域中不幸地存在着执法缺陷。

第十三章

膨胀的自我

CHAPTER

13

毫无修饰的自我要么渺小，要么不够好。这就解释了为什么许多人终身都在试图放大或夸大自己的自我，让它比实际看起来更好。一种在儿童时期就可以观察到的放大自我的方法，就是我们装扮，甚至用各种东西过度打扮自己。成年人还试图通过获得尽可能多的财产来让自我膨胀。美国最富有的公民之一谢尔登·阿德尔森（Sheldon Adelson）曾在一次招待会上说，只要他不站在自己的钱包上，他就是房间里最矮小的人。从心理学的角度来看，人会将自己的财产视为自我的一部分，这一假设绝不是荒谬的，我们的语言就会出卖我们。两个朋友分别开着他们的豪华轿车去酒馆赴约，在结束见面离开酒吧时，其中一人问另一人，"你在哪里？"他知道对方就站在他旁边，在酒吧的门口，但他指的其实是车辆。我们也可以通过工作来实现放大自我。一个人的自我越匮乏，他就越需要不断地谈论自己的工作，提及自己获得的奖项或让人用头衔称呼自己。喜剧中常用的一个经典桥段就是，妻子把自己的丈夫当作自我的外部支柱，并且喜欢用丈夫的头衔来称呼他甚至她自己。

　　一种可能不太讨人喜欢的吹捧自我的方式是参与民族主义

运动。许多人追随具有煽动性的诱惑者，这些诱惑者承诺要把那些感到软弱的"矮子"变成伟大的人。民族主义运动有许多原因，在这里不应把它们简化或心理学化。但是，如果人们不觉得有必要用民族主义的热气来膨胀他们可怜的自我意识，政治纵火犯就很难动员支持者了。行军、阅兵以及步调一致前行的方阵似乎会释放一种特别的吸引力。同步进行的运动、行进、共同喊出的口号或一同唱出的歌曲让人们更强烈地感到，自己的自我成为一个大群体自我的一部分。❶这些机制本身并无好坏之分。它们可以起到正面的作用，但它们也可以成为恶意的帮凶（比如"外国人滚出去！"）。只有当口号是理性的，并不是为了夸大矮小的自我，不与暴力相伴，不宣传仇恨，那么它们才是好的。如果它们传达的是暴力、对人的蔑视和种族主义，那它们就是邪恶的。另一种反映渴望拥有更伟大自我的形式是期望有一个领导者。在这种情况下，人会期待一个杰出的他者能来代替自己的自我。这种模式本身不应该被否定。父

---

❶原注：弗莱堡心理学教席教授安雅·戈里茨（Anja Göritz）在这方面的研究非常有趣，参见汉侬和戈里茨的《团结的群体面对伤痛，分裂的群体面对伤痛》以及《综合分析人际同步的亲社会结果》。

亲或母亲式的领导人物（比如纳尔逊·曼德拉）可以团结一个
国家——但也可能毁掉它（比如阿道夫·希特勒）。

　　人类被扩大自我和膨胀自我的渴望所驱使，这不仅是由
于人感觉到自己是如此渺小；另一个同样重要的动机是死亡
的必然性，它让我们感到沮丧。我们试图通过将自我扩大到
财产、商品或那些被视为我们生命延续的人身上，而来逃避
它，然后——自觉或不自觉地——沉浸在使我们成为不朽之人
的幻想中。将我们自己的自我转移到互联网的虚拟空间中，特
别是转移到社交媒体上，也属于这个范畴。越来越多的人将自
己的生存重心从真实世界转移到了网络上。网上的自我展现是
前面提到的"扩展的自我"现象的一种特殊形式。安迪·克拉
克和大卫·查尔默斯❷所设想的"扩展的思维"原指，例如我
们不必再去感受自己的身体是否健康，因为佩戴在身上的微型
数字医疗测量仪器告诉了我们，可能会有什么样的感觉、会有
怎样的时刻。当人有人问我们感觉如何时，我们在回答之前先
用智能手机或电子手表查看一下仪器的回答。不是在现实世界

---

❷原注：参见克拉克和查尔默斯的《扩展的思维》，查尔默斯的《扩展认知和扩
展意识》以及莱尔的《社会扩展的认知和共享的身份认同》。

中，而是在网络上决定着自我是被接受还是被鄙视，自我是生存还是死亡。比起在现实中的死亡，许多人更害怕在网络上死亡——这也导致了不少人因在走路或开车时痴迷于维护自己在网上的自我存在，而突然死于一个真实的意外。得到共振是一种基于神经生理的人类基本需求。自我向互联网的转移和人际交流向社会网络转移已经让网络成为最重要的共振来源。由于人们不能在没有共振的情况下生活，数字设备已经成为有严重成瘾性的物品，变为了"数字可卡因"。贾伦·拉尼尔（Jaron Lanier），互联网及其平台发明的先驱者之一，对此进行了非常值得一读的分析。❸拉尼尔展示了大平台的经营者如何通过对每个用户精准发出共振，操控数十亿人和他们的行为（包括他们的选举行为）。

　　没有多少人可以相当单纯地自处，在自我中感到自在。这不仅是由于许多人因自我不够伟大和无法不朽而感到煎熬，另一个同样重要的原因是觉得自我在道德上不够崇高。这类感觉有一部分并没有道理，但有一部分却也有根有据，但后者并不是因为人性本恶，而是另有原因。我们生活在一个资源匮乏的

---

❸原注：参见拉尼尔的《你需要立即删除你的社交媒体账户的十个原因》。

星球上，这不可避免地导致人们担心自己可能面临资源短缺。我们认为必须为之奋斗的稀缺资源，不仅仅是物质资源，还有重要的基本需求，如自尊、认可和社会归属感，这些在现实世界中也很稀缺。在我们生活的现实世界中，由于物质和非物质资源稀缺所导致的一个几乎不可避免的后果是，人们因为害怕分不到足够的资源而去做坏事，为自己牟利、互相欺骗、相互损害声誉、恐吓或施加暴力。❹ 这样的冲动给我们带来心理负担，它推动着我们，我们也时常服从于它。周围人贬低我们、不尊重我们，也是受到这一冲动的影响，就如我们自己一样。从其他人的自我整体中传递给我们的信息，通过纵向和横向自我迁移已经成为我们自我的一部分，也会成为恶意自然冲动的一部分。

积累在我们身上的恶意形成了一组阴暗、不可见人的自我碎片，我们力求摆脱它们。但我们要怎么做呢？一种方法是，通过将自己和周围人的注意力集中在其他人的恶上，并假装忘记了我们自己内心也带有恶。我以前工作的一个诊所里有这样两个同事：其中一位稍年轻的同事嫉妒另一位稍年长的、被任

---

❹原注：参见《疼痛边界》。

命为编外讲师的同事。年长同事的秘书为"她的"讲师感到自豪（这位同事无意中成为这位秘书的自我价值的外部承担者），以至于她总是用他的头衔来称呼他，尽管他曾多次要求她不要这样做。然后，那位年轻的、极富野心的同事在所有可能的地方散布谣言，新任命的编外讲师只准他的秘书用职称头衔来称呼他。这位年轻同事用来忘记自己的野心与嫉妒冲动的"技巧"在于通过假设另一位同事有恶的冲动——用形象的比喻来说就是打开手电筒把光打到那位同事身上，而受这种冲动困扰的其实是他自己。❺

　　把自己的恶意放在别人身上就叫作投射。我们都倾向于把自己不欢迎的、不愉快的自我部分分割开来，宣称它们不属于自己，并把它们归于其他人。只要人们假设别人"一定"具有某种坏特质，那就可以百分之百地确定，那些指控者在自己体

---

❺原注：大学环境中的追逐名利之风经常十分夸张——这也是为什么我喜欢《犯罪现场》中事故地点在明斯特的那一集，其中有出色的扬·约瑟夫·李佛思（Jan Josef Liefers）所扮演的伯恩教授。在我工作的内科急诊室里，一位同事对一位投保了私立保险的年长农妇进行了急救。之后，他对她解释道，她必须躺在卧榻上等到主治医生，"编外讲师先生"来检查她。于是，这位老太太对她的急救医生（用巴登方言）说道："编外讲师？医生，您告诉我，这是什么？编外讲师是真的医生吗？"

内感受到了他们所抱怨的恶意。犯罪分子往往会形成一种对正义几乎决绝的狂热，这份狂热的功能就是在无意识中粉饰他们自己，不仅是熟人，而且自己的家庭成员、父母、子女或兄弟姐妹都适合作为投射面。让只有一点熟识的人成为自己投射的祭品，就更容易了。最适合作为投射祭品的人是陌生人、外国人或移民。投射不仅发生在个人身上，也发生在人群和民族之间。我们的国家有很多糟糕的事情，但却喜欢把自己说成是全球美德的守护者，我们也许时不时应该躺在分析台上，反思下对美德的热情守护背后，有多少投射在发挥作用。

投射是社会等级制度的稳定器。无论我们喜欢与否，我们都生活在或多或少明显的等级制度中，还自愿尊重这种制度。它们总是伴随着投射，而这些投射的发展往往有其道理。例如，在一个家庭中，因为父母的努力，家庭度过了困难时期，而子女不必牺牲自己或放弃发展的机会，由此等级制度就会伴随着自然而然的投射，而发展起来。因此，若其中一个孩子提出异议，那就将是对秩序的破坏，是恶意的表达。在寄宿学校中，若教育者或神职人员多年来以自我牺牲的姿态陪伴着年轻人，这样一种道德秩序也会建立起来。在我们的社会中也是如此，比如人们会觉得有工作岗位要归功于成功的企业家。等级制度随处可见，包括大多是集体无意识共享的投射，将好的和有价值的东西归于某些行动者，而其他人则被赋予了受益者和感恩者的角色。若本来看似合理的投射和由此产生的角色分配不再正确，并在此基础上突然产生迹象表明既定的等级制度存在问题，就会出现极其棘手的局面。我们国家的教育精英们曾确信，一些顶尖学校为青少年提供的是最好的教育，直到越来越多的学生站出来说，他们在这些学校经历了性侵害。多年来，全世界的电影人都一致认为，像伍迪·艾伦（Woody Allen）这样拍出如此伟大电影的人一定有一个令人钦佩的人格，直到他的养女报告了他的性骚扰行为。与这个事件类似，当另一位勇敢的德国女演员站出来，举报一位迄今为止备受尊敬的德国制片人兼导演对女演员们有侵害行为时，人们也感到很无奈。

最初，那些质疑者会陷入激烈的舆论攻击中。多年来一直把旧秩序当作无瑕疵道德系统的人，大多会激烈地攻击这个敢于质疑秩序的人，指责他在说谎，并以此来惩罚他，因为这个人已经引起了人们的恼怒和不解。被指控撒谎的人——至少在一开始——是孤独的。他们的看法被质疑或被认定是假的，他们沦为了大众煤气灯效应的受害者。不屈服、站稳脚跟、将真相公之于众需要高度的社会勇气❻。我们都应该对这样一个事实保持敏感，即受欢迎的、基于无意识投射而建立起来的秩序可能已经失去了其合理性。

如果我们否认、拒绝自己身上恶的自我部分并把它投射到别人身上，我们就没有在自我中感到自在。与自我相遇，让它如实存在并接受它，是我们要面对的最困难的心理任务。那些不在乎我们有问题的自我部分而仍选择爱我们的人，可以在这方面帮助我们。我们需要别人的移情，才能够接受和容忍自己。那些无论如何仍无法找到内心平静的人应该寻求心理治疗的帮助。为什么不逃避自己，能够面对自己才是可取的？因为这种能力是幸福生活的关键。定期地、哪怕只是片刻地从我们匆忙生活的目的论和用途论中退出来，给闲适留出空间，就是与自己相遇的前提条件。和自己相处，为我们打开了一般无法进入的通往潜能的大门。沉浸在自我之中，跟随自己自发的、无目的的思维流，可以释放创造力。清闲可以帮助我们在混乱

---

❻译注：社会勇气（德语为"Zivilcourage"）是在德语区较为广泛使用的一个词语。它指一种社会行为，即当有一个人或一群人不以物质利益为出发点，而主要以他人的福利（可能也包括自身福利）为考量，在人道主义及民主的框架下，自发站出来维护某事物的正当性。

和不可理解的事件中认识规律，让我们突然惊奇地发现解决问题的方案。与自己相处可以帮助我们在看似无意义的事件中找到意义，甚至是隐藏的深意。清闲是一个空间，在其中，我们自己的过去和我们对未来的预期成为一个整体，在这里我们整合自己，并一次又一次地重新构建自己。

第十四章

自我与照顾

CHAPTER

14

拥有自我系统使人成为一个独特的物种。正如前文所述，它是一个双视角"我与你"的系统，在那里我们体验以及了解自我和重要他者的表现。一方面，它的属性是精神层面的，我们可以主观地体验和观察自我；另一方面，它是以神经生理为基础的，可以被科学观察描述。人类的自我网络与编码一个人的"我们的环境"网络有部分是相同的。自我网络在生命的开始的18到24个月左右形成。它们是婴儿在这一时期从照顾者那里得到的共振的结果。自我的基本结构反映了婴儿在出生后头几个月的共振经验。通过纵向自我迁移而内化的照顾者的基本态度和传达给婴儿的关于婴儿自己的隐含信息，在婴儿身上形成了长期的自我核心。一旦这个核心形成，自我就会寻求参与自身的建设和持续发展。它会成为一个行动者，同时仍然受到纵向和横向自我迁移的影响。自我网络一生都处在变化之中，它们一直都是人身体内接受社会信息之处。它们不仅在心理上，而且在神经生理上对他人说的话做出反应。自我作为一个客体，在他人传来的信息的影响下发生变化，而作为一个主体，它通过整合以及处理这些信息来改变自己。

自我系统不仅是"社会接触联系人"，它还在内部具有对自己身体的生物控制功能。它的网络位于额叶的底层（vmPFC，"最小自我"）和上层（dmPFC，自我观察者），并与大脑的下游神经元系统，特别是动机系统、焦虑系统、应激系统和脑干相连。这些下游系统控制着影响整个身体的重要生理机能，包括免疫系统。自我系统是社会环境和身体生理之间的交汇点。从社会环境中传达到自我的通知和信息改变了自我系统，而自我系统又将收到的信号传送到身体生理层面。这就解释了为什么安慰剂或反安慰剂，即告诉一个人某种物质有治疗或有损害作用，虽然这种物质实际上本无药效，摄入后却可以引发生物效应。然而，安慰剂和反安慰剂这两个词并不适用于描述医生和病人之间日常发生的情况，因为它们都带有虚幻效果的意义。人与人之间说的那些话，无论是否伴随使用药物或安慰剂，都可以在收到信息的人身上产生生物效应。由于锚定在自我系统中的神经元"我与你的耦合"主要涉及重要的、亲近的人，所以来自关系较远的人的指令或信息对接收者的生物效应要小得多——甚至往往完全没有效应。相对于此，那些对我们来说关系密切或重要的人向我们所说的话就会产生巨大的影响。

如上所述，当自我看起来太渺小或微不足道，或当我们不想接受它的短暂易逝，又或者当我们生活在内心的不和谐中，不能和内心活动着的自我融洽相处而产生了我们不够好的感觉时，我们和自我相处起来就有了困难。对正处于精神危机中的人有帮助的是一个平静的谈话对象与一场平和的谈话，一起聊聊所发生的事情、当前的情况，以及所担心的事。不是每个人都适合帮助精神受困的人，只有那些本身没有陷入困境，而且已经从寻求帮助的人那里赢得了足够信任的人才可以起到帮助作用。但现实中往往有不合格的帮助者参与到解决心理问题的过程中。如上文描述的投射机制，处理别人的问题会使一些人忘记自己的问题。当人真正有能力提供良好的帮助，却还没有取得足够的信任时，他们也不可能直接成为好帮手。在帮助者能够进入寻求帮助者的自我之前，他必须成为一个亲密的、重要的"你"。这同样适用于医生、护理人员、学校教师、律师、社会工作者和心理治疗师。人通过陪伴、耐心倾听，以及通过忍受寻求帮助的人所讲述的事并且不被其影响，而成为一个重要的他者。这需要培训，如果是心理治疗师的话，则需要教学治疗来确保心理治疗不被治疗师自身的问题所累。

人类越是脱离幼年的无助状态，他的自我照顾能力就越强。自我照顾指的是两方面：自我做出的照顾行为以及照顾自我。我们如何才能照顾好自己？生活为人类定下的中心任务之一便是和我们自己成为朋友。正如已经解释过的那样，许多人因为害怕遇见自我而总是寻求消遣。高工作压力、消费社会、即时通信，使现代人陷入持续的刺激中，并使人与自己失去了联系。照顾自我意味着不要让自己变成某种目的，而是敞开大门迎接没有目的的时刻，允许做自己，让思想不定向游荡和允许做梦，简而言之就是享受清闲。通过冥想技术找到哪怕是短暂的内心平静，可能是非常有帮助的。两种非常合适的方法就是觉察减压法和瑜伽练习（这两种方法有所重叠；瑜伽包含冥想练习，觉察减压需要一定的瑜伽配合）；不仅是冥想技术或身体练习（所谓的体位法），引导者作为榜样的存在，向参与者们散发的个人魅力也能起到作用，而这种个人因素的效果通常被低估了。给参与者CD或练习指引，让他们回家练习，可以加强被引导的小组成员间的集体感，但不能取代它。

当自我帮助的方式无效时，心理治疗就有了用武之地。心理治疗通过心理治疗师的自我和病人的自我之间的互动来产生效果——无论采用何种治疗方法。通过治疗师的参与，通过其能够忍受所听到的东西并不做出价值评判，对病人来说，心理治疗师便成为一个重要的"你"、一个亲密的他者，这激活了"我与你的耦合"。一旦治疗师和病人站在这个共同点上，治疗师就可以和病人一起仔细观察后者身上存在的自我元素，分析它们的意义，并移除造成伤害的地方，用新的元素去进行替换。治疗师必须保持一种微妙的平衡，一方面暂时承担辅助性自我的功能，另一方面加强病人的自我，让病人在自己的帮助下摆脱毁灭自我的元素，并逐渐学会成为一个照顾自己自我的"治疗师"。

即使其他医生们认为自己只是在医治肉体，但其实他们的工作和心理治疗师也有相同之处。医生对病人的影响远比他们自己意识到的要大得多。❶许多医生认为他们的工作仅限于对生理系统的诊断和治疗。毋庸置疑，这是医生当下为病人所做的最重要的事。在我转向精神医学和神经科学之前，我很高兴自己在内科工作了十多年，包括数年在重症监护室的工作。心脏科医生诊断出心律失常、心血管闭塞症、心肌功能不全等等，并能用神奇的方法去帮助他的病人。肿瘤学家也不例外，他们现在能够用一系列特定的药物来治疗肿瘤。但医生对他们

---

❶原注：在《自我控制》一书的第五章和第六章中有对这个问题更详细的解释。

的病人潜在产生的影响并不止于此。医生在传达诊断或治疗建议时，是在针对谁做解释？他们针对的是病人的自我系统。病人的自我系统同时作为"内在医生"，在病人自己的身体里发挥着作用。只有那些在与病人的交流中加强病人的自我，并向其解释改变自己的生活方式是值得的，鼓励其利用身体自愈能力来对抗疾病的医生，才能取得最佳治疗效果。对话病人的"内在医生"并加强它是每个医生的任务。

第十五章

CHAPTER

15

成长的可能性空间

生命最初几个月里充满爱的镜像和共振，儿童时期让人激动的机会和榜样，以及青春期激励青少年去求索和努力，都是滋养年轻人发展的"蜂王浆"。生活在蜂巢中的工蜂与蜂王有完全相同的基因构成。两种蜜蜂发育不同的原因完全在于蜂王在幼虫时被喂食蜂王浆的时间比工蜂的长。因此，在后来的工蜂身上沉睡的许多基因在蜂王的体内仍然是活跃的。我们的社会是否也有这样的变化趋势，年轻的一代人中，一部分可以发展成为情感上的"蜂王"，而另一部分则变为情感上的"工蜂"，因为这部分孩子缺乏经济支持或没有得到各方面足够的投入。❶

我试图通过这本书展示自我是如何在儿童身上产生的，以及如何埋下种子让儿童有能力参与自我建设并发展成为一个幸福的人。正如前文所述，父母的照顾并不直接让儿童的自我出现。父母和其他照顾者要通过纵向自我迁移的途径给予儿童自我内容：他们将无数的，特别是那些表达欢迎、保持距离或拒

---

❶ 原注：按照以色列历史学家尤瓦尔·诺亚·哈拉里（Yuval Noah Harari）的黑暗预言，我们就不是在谈论工蜂，而是在谈论"无用蜜蜂"。哈拉里预测会有"无用阶层"，也就是一类"无用"人类的阶级出现。

绝的信号指向孩子。这些信号告诉孩子他是谁。此外，照顾者将他们隐含的基本态度和价值观传递给孩子。早期内化了的信息会根据不同内容而激活儿童的基因表达多样性或使基因失活。举一个例子，在出生后的几个月内成长在可以体会到安全和充满爱的环境中的儿童，会激活自己的抗压力基因❷，这个基因对他们的整个人生都很重要，它可以减少患抑郁症的风险。针对婴儿、幼儿或青少年的共振是人类的蜂王浆。出生后的头几个月没有得到足够程度的双向沟通，在感情上没有得到充分的照顾，甚至完全被忽视的儿童无法发展出自我，特别是有同情心的自我。一部分这样的儿童后来发展成为不合群的人，另一些则往往不自信或有抑郁症，还有一些发展出成瘾和有依赖性的倾向。这些人的共同点是，他们不能与其他人形成深刻的情感联系，在内心感到孤独。这个世界对他们来说仍然是说不清的陌生。

确保儿童的身体得到基本的照顾和充分的看管，他们就会自己发展出人格，这种期待仍然是一种普遍存在，但很危险且

---

❷原注：这个基因的名称是糖皮质激素受体基因。我在《身体的记忆》一书中对此有更多解释。

与神经科学的发现截然相反的意识形态。蜂王对蜂王浆的需求只持续几个月，而儿童和青少年，远超过婴儿时期甚至到成年都需要得到支持和培养。儿童需要有机会探索有趣的认知、运动、音乐以及刺激，以便它们能为自我的一部分所用。同时，他们应该学会有批判性地吸收提供给他们的一切。儿童和青少现今在互联网上遇到的东西，在很大程度上是糟粕。为了让年轻人发展自我观察的能力，使他们能够有批判性地审视提供给他们的东西，儿童和年轻人与他们的父母、教育者和导师之间需要持续进行对话。然而，由于数字设备，尤其是智能手机对儿童和成年人的成瘾性影响，这种谈话几乎不再发生。这些数字设备越来越多地阻止儿童、他们的父母以及其他引导者进行直接的个人接触。如果没有这种接触，儿童和年轻人就会缺失开辟未来以及可能性空间所必不可少的真实世界中的共振经验。而年轻人在互联网上的共振体验不能为个人发展打开可能性空间。在儿童和年轻人身上投入时间，并让照顾和教育年轻人的机构有更高质量的人力资源、更合理数量的人员配置，是一项最优先任务。

人类社会是共振的空间。人类因其神经生物特征明显被构造成了社会性生物。被"看见"、得到社会尊重和有归属感是

基本需求，与食物一样重要。长期被社会排斥或孤立的人，会
失去自我保护的本能而死亡。人要感受到尊重和归属感需要其
他人对我们做出回应。这不一定需要他人同意我们的观点。只
要批评不是以排斥、羞辱或破坏为目的，它也可以是一种有价
值的共振。另一方面，完全无视也就是拒绝任何共振，也是有
害的。共振的前提是，一个人愿意让别人讲述自己的故事，做
出自己的描述，并倾听他们的意见。

人们可以讲述自己的故事并找到倾听者的空间是稀缺的，
因此它在全球范围内都会被争夺。每个人，从婴儿期到老年，
都希望有机会讲述自己的故事并得到回应。在今天，这一点是
人梦寐以求的，而用自己的故事大声地轰炸他人，迫使他人进
入聆听状态的最重要的"竞技场"就是大众媒体，特别是互联
网上的社交平台。后者已经成为一个喧嚣的战场，每个人都在
为了被听到并获得回应而与他人争斗。但从这里返回到个人身
上的东西，要么是不断重复的紧急情况下指望不上的一句空
话——"常联系"，要么是纯粹的仇恨。我在前文中提到过的
贾伦·拉尼尔❸曾指出，社交网络改变了人们的性格，破坏了

---

❸原注：参见拉尼尔的《你需要立即删除你的社交媒体账户的十个原因》。

共情，使人们具有攻击性。

那些经营电视台和互联网门户网站或设计其项目的人，那些活跃于社交网络的人，那些制作流行电影或散布高发行量印刷品的人，决定了谁的故事能被听到、谁的被淹没。那些被倾听的人收获了关注，——即使是批评性的——还有同情和支持；那些不被注意到的人会安静地消失。我们不应该把媒体上的"戏剧"和现实混淆起来。互联网上的论坛和门户网站提供的伪共振，没有任何营养价值。在这个巨大的市场上，发送者大多是匿名的。大型互联网公司创造了回声室❹，向我们建议什么是有趣的、正确的和重要的，以及我们的具体需求是什么。而我们应该对媒体巨大的模拟现实机器持怀疑态度，并为在真实的世界中遇到的人保留我们的宝物——产生共振和同情的能力。

自我是人类所拥有的最宝贵的东西。它并不是一出生就隐藏在我们的内心深处，它就像深藏在莱茵河中的尼伯龙根宝

---

❹译注：回声室现象由心理学家凯斯·桑斯坦（Cass R. Sunstein）提出，意为在一个相对封闭的环境中，一些相近意见的声音被不断重复并夸大扭曲。人只能接触到与自己想法相近的内容，自身的观点被不断强化从而排斥和无视其他观点与内容。

藏❺一样，等待着我们去发现，但这并没有减损它的珍贵性。我们的自我是由许多主题和旋律构成的。它与生活在我们文化空间的人们相联系。传递到我们身上的主题和旋律带着我们所处的文化印记。我们的自我也始终是一个"我们"。我们越是长大，我们的自我越是离开被动接受和被构建的模式，愈发成为一个行动者，参与决定并影响发生在其身上的事。我们发展出一种自我感受，使我们能够感觉到，哪些提供给我们的机会是适合我们的，并能成为我们自我的一部分，而哪些会对我们的身份认同造成伤害。自我现在可以决定它想吸纳的东西或拒绝的东西。人际间自我元素的交换，也就是所谓的横向自我迁移，就像呼吸一样：我们吸气，把别的东西带入自己体内；然后呼气，来回馈一些东西或拒绝一些东西。这两者都很重要，并一同决定了我们的人生幸福。一方面，保持我们的身份，不允许任何与我们感觉不一致的东西进入我们体内；另一方面，保持可穿透性，质疑我们自己的态度和价值判断，允许自己受

---

❺译注：《尼伯龙根之歌》（又译尼伯龙人之歌）是著名的中世纪中古高地德语英雄史诗。故事中讲道，英雄齐格弗里德（Siegfried）屠杀恶龙，获取了尼伯龙根宝藏。后来，他被勃艮第国王龚特尔（Gunther）的伺臣哈根·冯·特罗涅（Hagen von Tronje）杀死，哈根夺得了宝藏并将之沉入莱茵河底。

到其他人的启发和改变,同时这几点也是不能被强迫的。暴力会损害或破坏自我。和自我以及周围人的自我相处需要敏感性、耐心、保护,但有时也需要向可能性和发展空间迈出勇敢的一步。然而比起其他所有,我们的自我以及我们周围人的自我最需要的一样东西是——爱。

致　谢

　　我要感谢丹尼尔·格拉夫（Daniel Graf）和霍尔格·孔茨（Holger Kuntze）在本书写作阶段的鼓励指导，以及弗兰切斯卡·冈特（Franziska Günther）和莫里茨·沃尔克（Moritz Volk）在完成本书的最后阶段给予的大量有用建议；我感谢莫里茨·沃尔克出色的审校工作；我同样要衷心感谢海伦娜·赫格曼友善地允许我使用她的长篇小说《别墅》中的主要人物作为本书的观察对象；我还要感谢翰泽尔出版社。

——尤阿希姆·鲍尔